国家级职业教育规划教材
全国职业院校学前教育专业教材

幼儿心理学基础

张海丽　主编

中国劳动社会保障出版社

简　介

本教材主要内容包括幼儿心理基础知识、幼儿的注意、幼儿的感知觉、幼儿的记忆、幼儿的想象、幼儿的思维、幼儿的言语、幼儿的情绪和情感、幼儿的意志、幼儿的个性及幼儿的社会性。教材从幼儿心理基本特征入手，介绍了幼儿心理发展规律，并为指导幼儿的行为提供了切实可行的方法。

本教材由张海丽任主编，赵国鑫、陈燕任副主编，李佩琳、常红娟、臧翠云参加编写。

图书在版编目（CIP）数据

幼儿心理学基础 / 张海丽主编. -- 北京: 中国劳动社会保障出版社，2020
全国职业院校学前教育专业教材
ISBN 978-7-5167-4455-0

Ⅰ.①幼…　Ⅱ.①张…　Ⅲ.①婴幼儿心理学－高等职业教育－教材　Ⅳ.①B844.12

中国版本图书馆 CIP 数据核字（2020）第 080332 号

中国劳动社会保障出版社出版发行

（北京市惠新东街 1 号　邮政编码：100029）

*

北京市艺辉印刷有限公司印刷装订　新华书店经销

787 毫米 × 1092 毫米　16 开本　11.75 印张　196 千字

2020 年 7 月第 1 版　　2024 年12月第10次印刷

定价：24.00 元

营销中心电话：400-606-6496

出版社网址：http://www.class.com.cn

http://jg.class.com.cn

前言

学前教育是终身学习的开端，是国民教育体系的重要组成部分，是重要的社会公益事业。学前教师教育担负着培养学前师资的重任，始终受到国家的高度重视，2018 年《中共中央 国务院关于学前教育深化改革规范发展的若干意见》明确提出要“办好学前教育”“大力加强幼儿园教师队伍建设”。为了适应学前教育发展的形势，满足学校培养学前师资的教学要求，2020 年，我们对全国职业院校学前教育专业教材进行了修订和补充，重点做了以下几方面的工作。

第一，完善了教材体系。根据目前职业院校学前教育专业的教学实际，增加了《幼儿行为观察与指导》《幼儿园游戏》等教材，将《舞蹈（第二版）》和《幼儿舞蹈创编与教法》整合为《幼儿教师舞蹈基础》，将《基本乐理与伴奏编配（第二版）》分为《基本乐理》和《简易钢琴伴奏构建法》。调整后，整套教材体系更加科学、完善，便于教学的开展。

第二，更新了教材内容。对上版教材中的部分内容进行了调整、补充和更新，使教材更加符合当前职业院校学前教育理念和实践方法。增加了实践性教学内容的比重，主要技能点均配以详细的操作指导，以引导学生运用所学知识分析和解决实际问题。

第三，提升了教材表现形式。通过设置知识卡、能力卡、情景再现、引导案例等栏目，增加教材的亲和力，激发学生的学习兴趣。同时，加强了图片、表格及色彩的运用，营造出更加直观的认知环境，提高了教材的趣味性和可读性。

第四，加强了教材立体化资源建设。在教材修订的同时，开发了与教材配套的习题册和电子课件。电子课件及习题答案可登录技工教育网（jg.class.com.cn），搜索相应的书目，在相关资源中下载。在部分教材中使用了二维码技术，针对教材中的教学重点和难点制作了演示视频、音频等多媒体素材，学生使用移动终端扫描二维码即可在线观看或收听相应内容。

本套教材的编写得到了有关学校的大力支持，教材编审人员做了大量的工作，在此我们表示衷心的感谢！同时，恳切希望广大读者对教材提出宝贵的意见和建议。

人力资源社会保障部教材办公室

目　录

第一章 幼儿心理基础知识

学习目标

- 掌握心理的概念和心理的本质。
- 理解影响幼儿心理发展的因素。
- 掌握幼儿心理发展的年龄特征。
- 掌握幼儿心理发展的关键期。

第一节 心理及幼儿心理学

一、心理的概念

人们在生活实践中与周围环境、事物相互作用，必然有主观活动和行为表现，这就是人的心理现象，也称心理活动，简称心理。

人在清醒时，时时刻刻都有心理活动。人会听到各种声音，看到各种形状和色彩的物体，闻到各种气味，摸到、尝到种种东西的质地、味道。每个人对问题都有自己的思考和想法，并会把这些想法用话语和别人交流。在与他人相处或处理事情时，有人高兴，有人生气，有人热情，有人冷淡，有人认真，有人马虎，有人镇定，有人慌张，等等。

二、心理的构成

心理包括心理活动过程和个性心理两个方面。

1. 心理活动过程

心理活动过程包括认知过程、情绪和情感过程、意志过程。其中，认知过程包括感觉、知觉、记忆、想象、思维等。

情景再现

夏日的傍晚，妈妈拉着彤彤的小手从幼儿园往家走。走着走着，彤彤注意到地上有被风吹落的红红的石榴花，她捡起一朵，边走边闻着、摸着、端详着。天空突然传来雷声，彤彤忙问道："妈妈，这是什么声音？怎么那么响啊？"妈妈说："这是天上在打雷呢，记得天气预报说今天傍晚有雨呢，看来这雨马上就要下了。"听了妈妈的话，彤彤高兴得又叫又跳："要下雨了，要下雨了，我要玩雨，我要玩雨。"妈妈想拉上彤彤往家跑，可彤彤有些不情愿，妈妈只好跟她讲道理："我们没带伞，要是淋了雨就会感冒，然后就得吃药打针，那多难受呀！"彤彤想了想妈妈的话，说了声"好吧"就快步跟上妈妈往家里走。

上述"情景再现"中，彤彤看到、听到、摸到、闻到一些东西就属于心理现象中的感觉和知觉；妈妈说"记得天气预报说今天傍晚有雨呢"，这里的"记得……"表现的是记忆这种心理现象；妈妈对彤彤讲道理时用了推理的方法，这说明妈妈当时有思维这种心理现象（而且是逻辑推理思维）；"彤彤想了想妈妈的话"，这里的"彤彤想了想"，是彤彤在想象感冒以后又要吃药又要打针的"难受"情景，说明彤彤出现了想象这种心理现象；妈妈和彤彤的对话属于言语活动，言语活动也是一种心理现象。彤彤在进行感觉、知觉、思维（理解思考）、想象等心理活动时，还同时存在注意这种心理现象。注意不是独立的心理现象，它是感觉、知觉、记忆、想象、思维等心理现象的伴随状态。

彤彤对石榴花的喜爱、看到要下雨时表现出的高兴和妈妈的着急等，属于情绪这种心理现象。情绪能影响人的行为。一般来说，积极的情绪使人乐观向上、积极进取，消极的情绪使人悲观消沉、懈怠懒散。

彤彤不愿意跟妈妈回家属于意志这种心理现象。意志能调节、控制人的行为。意志坚强者做事有毅力，一般较容易实现自己的理想和目标；意志薄弱者做事缺乏坚持，一般较易中途放弃，进而导致失败与失意。

知识卡

有些心理学家将感觉、知觉、记忆、想象、思维等认识事物时最基本的心理活动过程称为智力因素，将情绪、意志、气质、性格等称为非智力因素。

2. 个性心理

虽然每个人都有认知、情绪、意志等心理活动，但这些心理活动在每个人身上的表现不同。例如，同一个年龄班的幼儿，面对同一个自己喜爱的玩具，有的幼儿还在想能不能去拿时，有的幼儿已经伸手去拿了，而有的幼儿早已眼疾手快地抢到手了。这是因为每个人先天和后天的情况各不相同，使每个人具有不同的气质、性格和能力等，这些方面的差异就是个性心理差异。心理学上将每个人的心理活动都呈现出与众不同的个人色彩的现象称为个性心理或个性心理特征。

三、心理的本质

人的心理到底是什么呢？这是初次接触心理学知识的人都想知道的。科学研究表明：心理是人脑对客观现实能动的反映。

1. 心理是人脑的机能

器官的机能是指该器官在整个生物体中所分担的职能，如肠胃的机能是消化，而人脑的机能是产生心理。

早在 16 世纪，李时珍就提出“脑为心之官”。19 世纪 60 年代，法国医生布洛卡解剖失语症患者尸体时在大脑左半球发现了语言中枢，从而真正用科学的方法鉴定出脑是人的心理器官。

对于幼儿来说，如果期望他们的心理能够正常、顺利地发展，就要让他们的大脑及整个身体健康地生长发育。因此，要重点保护幼儿的身体和大脑，以便让他们拥有产生和发展正常心理活动的物质基础。

2. 心理是人脑对客观现实的反映

既然产生心理现象的器官是大脑，是不是人有了大脑就有心理现象呢？印度狼孩卡玛拉从小被狼叼走，直到七八岁才被解救，当时她不会直立行走，不会说话，没有人类的动作和情感。这就表明有了人脑并不意味着就有了人的心理现象，人的心理现象并不是人脑所固有的。因为“狼孩”的成长过程脱离了人类社会，所以就不可能有人的心理现象。没有客观现实，人脑就不能产生心理。心理是人脑对客观现实的反映。

知识卡

客观现实在心理学中也称客观事物，指的是和心理活动主体有关的事物，包括存在于心理活动主体周围的自然环境和社会环境中与其有关的所有事物，还可以包括心理活动主体自己的心理活动。

心理活动作为人脑的机能，其内容反映的是客观现实。我们的心理活动总是围绕着我们周围的环境与生活这些客观现实而展开，像本节“情景再现”中彤彤和妈妈看到、听到、摸到、闻到、想到、谈到的内容全是她们周围的事情，即存在于她们周围的客观事物。

在一个人的生活环境中，对其心理影响最大的客观事物是他周围的人。对一个幼儿来说，家长、教师、同伴是能对他的整个心理产生最重大影响的客观现实。另外，对于正在不断积累知识经验、发展自身能力的幼儿来说，生活环境中客观事物的丰富程度及质量高低也会极大地影响其心理发展水平。

3. 人的心理具有主观能动性

人的心理在反映客观现实时，会对客观现实做出主动的选择。由于每个人的知识经验、兴趣爱好及能力不同，因此每个人做出的选择也不尽相同，由此产生不同的心理。例如，对即将落下的雨水，彤彤将其作为游戏材料来认知，由此产生愉悦的情绪；而妈妈将其作为致病因素来认知，由此产生焦虑的情绪。心理活动中对客观现实做出的主动选择就是人的心理具有主观能动性的表现之一。

心理的主观能动性还表现在人能认识并能调节、控制自己的行为。彤彤听了妈妈的话放弃了待在路上等着下雨、玩水的想法，快步跟上妈妈回家就说明了这一点。

心理的主观能动性的存在，使得每个个体呈现不同的个性心理特征。就像前面提到的，在一个喜爱的玩具面前每个幼儿的行为不一样。

四、幼儿心理学

幼儿心理学是研究幼儿期心理发展规律和特点的科学。它是幼儿师范学校的必修课，为幼儿教育、幼儿保健等工作提供心理学依据。

幼儿心理学研究和说明幼儿期各种心理现象所表现的特点，如感觉、知觉、记忆、想象、思维、情感、意志等心理过程的特点，个性心理特征形成的特点，以及注意、言语、动作、社会性等方面的特点。

幼儿心理学根据幼儿心理发展的条件和规律，提出心理现象进一步发展的途径和方法，帮助幼儿心理健全发展。

五、学习幼儿心理学的意义

1. 有助于形成科学育儿观

幼儿是人类社会中一个特殊群体，幼儿阶段是人一生中特殊而重要的阶段，他们的身心具有独特的发展途径和规律。幼儿是发展中的人，他们十分稚嫩，充满了勃勃生机，有巨大的发展潜能和可塑性。幼儿是完整的人，具有和成人一样的人格和尊严、一样丰富的精神世界、一样的差异性，但他们并不是成人的缩小版。我们只有充分认识到幼儿期的特点，才能形成科学的育儿观，才能真正接近他们、帮助他们、教育他们、保护他们。

2. 有助于走进幼儿的内心世界

幼儿的心理特点十分独特有趣，他们常常会说一些没头没脑的话，提一些稀奇古怪的问题，一些行为也常常让成人觉得不可理喻。只有了解幼儿心理的特点，才能走进幼儿的内心世界，理解幼儿行为背后的真正原因。

3. 有助于做好幼儿教育工作

了解幼儿心理发展的特点和规律，是幼儿教育工作者做好幼儿教育的前提。幼儿教育工作者掌握了幼儿认知发展的规律和特点，才能以此为依据选择符合幼儿年龄特点和实际水平的教学内容，采用符合幼儿认知特点的教学组织形式和方法，更好地开发幼儿的智力。幼儿教育工作者还需要了解幼儿心理发展的个体差异，因材施教，帮助幼儿在原有基础上得到最大限度的发展与提高。

4. 有助于为幼儿发展提供更加适合的环境

学好幼儿心理学，可以预见幼儿心理发展前景，为幼儿营造更适合其发展的环境，有意识地引导幼儿心理发展。例如，幼儿在什么条件下记忆效果最好？假如清楚这个规律，就可以尽量利用有助于记忆的因素，避免不利于记忆的因素，使幼儿轻轻松松记得快。

总之，未来的幼儿教育工作者学好幼儿心理学可以避免工作中的盲目性，提高教育工作的成效，科学地教育幼儿。

第二节 幼儿心理发展的影响因素

影响幼儿心理发展的因素很多，可大致分为客观因素和主观因素。

一、客观因素

1. 生物因素

遗传因素和生理因素是影响幼儿心理发展的生物因素。

（1）遗传因素

幼儿个体发育发展的起源是遗传，遗传直接影响幼儿个体体质的发育发展。由于心理或行为的发展归根结底离不开体质因素，所以遗传间接地成为幼儿部分心理或行为发展的基础。

1）遗传是心理发展的物质前提。遗传素质为幼儿的身心发展提供了物质基础，使幼儿身心的发展具有了可能性。例如，健全的四肢是动作技能发展的前提，发育良好的大脑和神经系统是智力发展的前提。先天失聪的幼儿不能发展听力，无脑畸形儿不能产生思维。

2）遗传素质的个别差异为幼儿心理发展的个别差异提供了最初的可能性。遗传素质不同是造成幼儿心理个别差异的重要基础，它为幼儿心理发展个别差异提供了可能性。音质好的人，易成为歌手；动作协调性好的人，易成为运动员；家长性格内向，幼儿易发展成为内向的人；家长性格外向，幼儿易发展成为活泼开朗的人。

（2）生理因素

生理成熟是指有机体生长发育在某一时期所达到的程度，即该时期的生理解剖特点和水平。不同系统的器官成熟的早晚和不同时期发育的速度都有差异。幼儿心理的发展总是伴随生理成熟实现的。十二个月左右的婴儿，骨骼的成熟为学习走路提供了条件，发音系统的成熟为学习语言提供了条件。尤其是幼儿神经系统的成熟，是幼儿心理机能完善的重要条件。

心理实验

我们知道，同卵双胞胎的遗传素质是相同的，生理成熟的速度是最接近的。为了验证生理成熟与心理发展之间的关系，美国心理学家格赛尔做过著名的双胞胎爬梯试验：首先他对这对双胞胎（分别称为 T 和 G）进行行为基线的观察，发现他们心理发展水平相近。在这对双胞胎出生第 48 周时，他开始对 T 进行爬楼梯、搭积木、运用词汇和肌肉协调等训练，而对 G 却不做任何训练。训练持续了 6 周，其间 T 比 G 更早地显示出某些技能。到了第 53 周，当 G 发育到能够爬楼梯的成熟水平时，他对 G 进行集中训练，结果发现只经过了 2 周训练，G 就达到了 T 的成熟水平。格赛尔进一步观察发现，第 55 周时这两个幼儿的能力水平已没有差别。

实验结论

由此看出，机体尚未成熟时，过早的训练只能带来一时的效果。当某种生理结构和机能达到一定成熟程度时，适时地给予适当的刺激，就会使相应的心理活动有效地出现或发展，即真正的学习效果要在成熟之后才能出现。因此，生理成熟在一定程度上制约着心理发展。

遗传和生理成熟是幼儿心理发展的重要条件，是必不可少的物质前提，我们不能轻视它们的作用。对于从事幼儿教育工作的人来说，更需考虑遗传和生理成熟，特别是神经系统、大脑的生理发展对幼儿心理发展的影响，以便更好地利用这些规律来促进幼儿心理健康发展。

2. 社会因素

影响幼儿心理发展的社会因素主要为环境和教育。

环境是指个体体外一切能影响其身心发展的因素，有自然环境和社会环境两种。自然环境提供个体生存所需要的物质条件，如空气、阳光、水分、营养等。社会环境指社会生活条件，如社会的生产力发展水平、社会制度、社会关系等。

教育与一般的社会生活条件或环境影响不同，它是有目的、有计划、有系统的影响。教育者按照一定的教育目的对环境影响加以选择，组织成一定的教育内容（包括教材、设备等），并且采取一定的教育方法，对幼儿心理实行系统地影响。这无疑比自发的、偶然的、无计划的环境因素的影响更有力、更有效。

环境和教育对幼儿心理发展的影响具体表现在两方面：

一方面，环境和教育使遗传所提供的心理发展的可能性变为现实。

心理是人脑对客观现实的反映。只有产生心理的物质前提，没有客观现实的影响，是不能形成人的心理的。

直立行走和说话本来是人类的特征，但是，遗传只提供了直立行走和说话的可能性，如果没有人类的社会环境，这种可能性不能变成现实性。许多正常幼儿看似是自然而然地学会走路和说话，其实都是社会生活环境影响的结果。

心理实验

丹尼斯在德黑兰的孤儿院发现，该院58%的孤儿1岁以上还不会独立坐，开始站立和扶着走的年龄平均为70周。丹尼斯从孤儿院抽出了10个婴幼儿，为他们创设适合站和走的环境，并安排保育员对这些婴幼儿进行专门的训练，这些婴幼儿开始站立和扶着走的年龄提前为平均41周。

实验结论

由此说明，环境和教育使遗传所提供的心理发展的可能性变为现实。

另一方面，环境和教育制约幼儿个体心理发展的水平。

生活中，每个幼儿的兴趣、爱好、性格、智力等都有差异，没有心理发展水平和表现完全一样的两个幼儿。造成幼儿心理发展水平不同的因素中，起决定性作用的是环境和教育。

心理实验

心理学家曾用同卵双胞胎做过这样的实验：把一对孪生姐妹在18个月时分开抚养，姐姐生活在偏远地区，仅接受过两年正规教育，妹妹在物质优越的环境中长大，且读完专科学校。当她们35岁接受智力测验时，妹妹的智商比姐姐高34分。

实验结论

事实证明，在遗传素质相同的情况下，当环境和教育发生变化后，智力会跟着出现差异。可见，环境和教育制约着个体心理发展水平和方向。

除了生物因素和社会因素，还有其他因素影响幼儿心理发展，如幼儿的主体活动、幼儿内在的心理因素等。

二、主观因素

心理是人脑对客观现实的反映，但这种反映不是机械的、如镜子般的反映，而是会受到个体主观因素的影响。每一种心理活动都是已有的心理对刺激的加工。影响幼儿心理发展的主观因素是幼儿心理本身内部的因素。

1. 幼儿心理本身内部的因素是幼儿心理发展的内部原因

幼儿心理发展的过程不是被动地接受客观因素影响的过程，幼儿心理本身也积极地参与影响这个发展过程。幼儿年龄越大，主观因素对其心理发展的作用越明显。环境和教育是影响幼儿心理发展的外部因素，但不能机械地决定幼儿心理的发展，它们的影响作用只能通过幼儿心理发展本身的内部因素来实现。

2. 幼儿心理的内部矛盾是推动幼儿心理发展的根本原因

幼儿心理的内部矛盾可以概括为新的需要和已有的心理发展水平或状态两个方面。新的需要通常表现为对某种事物的追求和倾向，是矛盾中比较积极活跃的一面。新的需要总是否定着已有的心理发展水平或状态，即已有的心理发展水平或状态无法满足日益增长的需要，必须提高现有的心理发展水平或状态去满足新的需要、适应环境。教育的任务就是根据幼儿已有的心理水平或状态，提出恰当的要求，激发幼儿新的需要，使幼儿产生新的矛盾运动，从而促进其心理发展。

综上所述，遗传和生理成熟为幼儿心理发展提供了物质基础，环境和教育是幼儿心理发展的决定性因素。多方面的因素相互联系、相互渗透、相互制约，形成一股合力，共同影响幼儿心理发展。过分夸大某些因素的作用而否定其他因素的作用是不合理的。

第三节　幼儿心理发展的阶段性

一、儿童心理发展年龄阶段的划分

人类从出生到成熟，心理发展是渐变式的、连续性的，各阶段间无明显界限，但其心理在渐变发展过程中形成了一些相对稳定的发展阶段，发展阶段可以年龄为标志，故又称为年龄阶段。

不同时期、不同国家、不同研究者对儿童心理发展年龄阶段的划分有不同的标准，我国现行通用的儿童心理发展阶段的划分方法如图 1–1 所示。

- 儿童
  - 先学前期（幼儿早期）（1 ～ 3 岁）
  - 学前期（3 ～ 6 岁）（幼儿期）
    - 幼儿初期（3 ～ 4 岁）
    - 幼儿中期（4 ～ 5 岁）
    - 幼儿晚期（5 ～ 6 岁）
  - 学龄期（6 ～ 18 岁）
    - 学龄初期（6、7 ～ 11、12 岁）
    - 学龄中期（11、12 ～ 14、15 岁）
    - 学龄晚期（14、15 ～ 17、18 岁）

（先学前期与学前期合称：广义学前期）

图 1–1　我国现行通用的儿童心理发展阶段的划分方法

以上各个阶段既有质的差别，又不能截然分开。因为在一个年龄阶段末可能已经孕育了下一个年龄阶段的特征，而在这一年龄阶段初可能还保留着上一个年龄阶段的某些特点。

学前期有广义和狭义之分。狭义的学前期等同于幼儿期，指的是 3 ～ 6 岁的幼儿；而广义的学前期则指 0 ～ 6 岁的婴幼儿。一般情况下，没有特殊说明，本教材所涉及学前期皆为狭义的学前期。

二、幼儿心理发展的年龄特征

1. 概念

幼儿心理发展的年龄特征是指幼儿在每个年龄阶段中形成并表现出来的一般的、典型的、本质的心理活动。

幼儿心理发展要以生理发展为基础，年龄越小，生理年龄特征对幼儿心理发展的制约相对越大。另外，年龄对幼儿心理发展有规律性的制约作用。因为幼儿心理发展与其知识经验有关，而知识经验的积累需要时间，时间是幼儿心理发展的必要条件。年龄只是在一定程度上制约但不能决定幼儿心理的发展。

可以从以下三个方面理解幼儿心理发展的年龄特征的含义：

（1）幼儿心理发展的年龄特征与幼儿的生理发展有一定的关系，但不能把幼儿心理特征和幼儿的实际年龄完全对应起来。

（2）幼儿心理发展的年龄特征是从某一年龄阶段所有幼儿的心理发展中概括出来的特征。该特征具有普遍性，不是个别幼儿或少数幼儿偶然表现出来的某些特殊特征。

（3）幼儿心理发展的年龄特征不是某一年龄阶段幼儿全部的心理特征，而是与其他年龄阶段所不同的、具有代表性的典型的心理特征。

2. 特性

（1）稳定性

在基本相同的社会生活条件下的幼儿之间，甚至在不同的社会生活条件下的幼儿之间，年龄特征具有一定的普遍性、相似性和稳定性。

1）幼儿脑部的发育是有稳定顺序和阶段的，神经联系的建立是有次序的。

2）人类知识经验的掌握是有一定顺序的（都有从低级到高级、从简单到复杂、从外表到本质的过程），幼儿也必须遵循。

3）从幼儿掌握知识经验到心理机能发生变化，要经过大致相同的不断量变再到质变的过程。

（2）可变性

制约幼儿心理发展的社会条件和教育条件的不断变化使得不同幼儿之间心理发展年龄特征又有所变化、有所差别。一般来说，与意识倾向和道德品质关系较大的特征，其可变性大于认知方面的特征。

幼儿心理发展的年龄特征既有稳定性，又有可变性，它们的关系是相对的。

三、各阶段幼儿心理发展的年龄特征

1. 幼儿初期（3～4岁）

3～4岁是幼儿园小班幼儿的年龄，这一时期幼儿心理的主要特征是：

（1）行为具有强烈的情绪性

情绪性强是幼儿整个幼儿期的特点，年龄越小越突出。3～4岁幼儿的情感大都表露在外，容易受外界事物和情绪的支配。刚入园时，幼儿情绪波动很大，特别爱哭，不让送他的家人走。这时对他讲道理他是听不进去的。等家人走后，用有趣的事情或玩具吸引他，或给他一个爱抚的动作，让他感到亲切，这样可以让他的情绪较快平复。

3～4岁幼儿的情绪很容易受周围人的感染。在幼儿园里，经常一个小朋友哭，旁边的小朋友也跟着哭；当别人笑时，旁边的小朋友也会跟着笑。

3～4岁幼儿情绪性强的特点还表现在很多方面：高兴时听话，不高兴时说什么也不听；喜欢哪位教师，就特别听那位教师的话；心情愉快时记忆效果好，心情沮丧时可能什么都记不住。

幼儿教师要明白这一时期幼儿情绪的特点，对幼儿产生的各种行为要理解，多为幼儿创造愉悦的环境，给幼儿以心理安抚。

（2）爱模仿

小班幼儿独立性差，爱模仿别人。看见别人玩什么，自己也玩什么。看见别人有什么，自己也想要什么。小班幼儿在游戏中喜欢和别人担任同样的角色。例如，玩“开公共汽车”游戏，大家都要当司机，一辆车上有好几个司机，甚至没有乘客，但小朋友们仍然玩得兴高采烈。因此，小班玩具的种类不必很多，但同样的玩具要多准备几套。

3～4岁幼儿还常常模仿教师，教师平时的言谈举止、说话的语气和声调等都会成为幼儿模仿的对象。

幼儿的各种行为习惯常常是在模仿中形成和巩固的。所以，在教育工作中，教师要注意自己的一言一行，为幼儿树立良好的榜样。

（3）思维靠行动

3～4岁幼儿的思维具有直觉行动性，其思维的进行离不开幼儿自身对物体的感知，也离不开幼儿自身的动作。例如，让这个年龄阶段的幼儿说出苹果盘里有几个苹果，幼儿需要用手一个一个地数才能弄清楚，他不会像大些的幼儿那样在心里默数。

3～4岁幼儿在听别人说话或自己说话时，往往也离不开具体动作。例如，听到故事里讲到“小鸭子摇摇摆摆走过来”，他可能就会摇摇摆摆学鸭子走路。

3～4岁幼儿的思维会随着活动对象和动作的转移而转移。他们做事往往不能有始有终，中途遇到吸引他的事情，就会放弃了原来的活动。例如，幼儿在吃面包的过程中，忽然发现自己把面包咬成一条小船，就高兴地喊：“小船，看我的小船!”他到处找人看他的“小船”，把吃饭忘了。

3～4岁幼儿的思维大多由行动引起，一般先做后想或者边做边想，不会思考好以后再做。例如，他们在画画之前往往不知道自己要画什么，等画完后会惊奇地说：“哇!我画了一个苹果。”

（4）思维缺乏可逆性

3～4岁幼儿的思维缺乏可逆性与相对性，因此不能理解反话。例如，教师说“再哭，妈妈就不来接你了”，这时幼儿会哭得更厉害，因为他听到的是“妈妈不来接你了”。如果教师说“你不哭了，妈妈就来接你”，这时他会平静下来，因为幼儿这时听到的是“妈妈会来接你”。因此，与3～4岁幼儿讲话要用正面的积极性语言，而不用反面的消极性语言。

(5) 想象力开始发展

3 ~ 4 岁是幼儿想象力开始发展的时期，他们的小脑瓜里充斥着天马行空的想象，但是由于他们生活经验少，认知水平不高，思维、想象的方式不同于成人，他们常常把愿望和想象与现实相混淆，把想象的事当作真实的事说出来，导致成人指责他们“说谎”。例如，一个小朋友特别喜欢汽车玩具，一天他对别的小朋友说“我爸爸给我买了好多好多的小汽车”，其实这只是他心中的愿望，而不是现实。

2. 幼儿中期（4 ~ 5 岁）

4 ~ 5 岁是幼儿园中班幼儿的年龄，这一阶段起承上启下的作用。这一时期幼儿的心理发展有以下几个突出特点。

(1) 爱玩、会玩，活泼好动

幼儿都喜欢游戏，但小班幼儿虽然爱玩却不大会玩。大班幼儿虽然爱玩，也会玩，但由于学习兴趣日益浓厚，游戏的时间相对少了一些。

4 ~ 5 岁幼儿不但爱玩，而且会玩。他们会自己分工、安排角色，玩什么、怎么玩、有什么规则、不遵守规则应怎么处理等基本都能商量解决，游戏的情节比较丰富、内容多样化。他们的游戏不仅反映日常生活的情景，还经常反映电视、电影里的故事情节。在游戏活动中，他们逐渐学会了交往、合作、分享、等待等经验，有了相对稳定的游戏伙伴。但由于交往技能不足，幼儿之间容易发生争执和攻击性行为。面对这种情况，教师要正确对待，多教幼儿一些正确的交往方式，不要采取简单粗暴的方法制止或责备。

(2) 具体形象思维

4 ~ 5 岁幼儿的思维是典型的幼儿思维——具体形象思维。他们解决简单问题时，可以不再依赖实际的尝试性动作，但必须借助事物的形象，事物的形象常常影响他们的思考和对问题的理解。例如，中班幼儿计算物体的数量，虽然可以不用手指点着数，但是头脑中必须有物体的形象，而不能依靠抽象的概念，就像问这个年龄阶段幼儿“6 加 2 等于几”，他往往会挠挠头不好意思地说不知道，但如果问“那 6 块糖再添上 2 块糖是几块糖”，幼儿大多会想想后回答“8 块”。

4 ~ 5 岁幼儿理解成人的语言时常常依靠自己的具体生活经验。例如，这个年龄段的幼儿常常认为“儿子”是小孩，当妈妈告诉他“爸爸是爷爷的儿子”时，他常常感到不可思议“这么大，还是儿子?”为了尽可能让幼儿明白自己想要表达的意思，幼儿教师必须注意了解幼儿的认知水平和经验，避免使用过于抽象的语言。

具体形象性的特点不仅反映在中班幼儿的思维活动中，也反映在其记忆、注意等认识活动中，还表现在其语言活动中。幼儿容易注意具体的形象，而较难对抽象的讲述集中注意。幼儿的讲述以情景性语言为主，说明他们在讲述时头脑中会出现一幕幕生动的情景。

因此，幼儿教师对中班幼儿进行教育教学时，要多采取直观形象的方法和手段，如多使用实物或图片、多媒体课件、创造情境等。

（3）规则意识刚刚萌芽，是非观念较模糊

在集体生活中，4 ~ 5 岁幼儿不仅开始表现出自信，而且规则意识萌芽，懂得要排队洗手、依次玩玩具等。当他们与人相处时，表现得有礼貌了，会主动说“谢谢”“对不起”等。但此时幼儿的是非观念仍很模糊，只知道受表扬的是好事、受指责的是坏事，喜欢受表扬，听到批评会不高兴或感到很难为情。

（4）开始接受任务

中班幼儿开始能够接受严肃的任务。4 ~ 5 岁幼儿的有意注意、有意记忆、有意想象等相对于 3 岁幼儿有较大发展，自我控制发展迅速。在日常生活中，4 岁以上的幼儿对于自己所担负的任务已经出现最初的责任感。与小班幼儿把值日当作兴趣相比，中班幼儿开始理解值日是自己的任务。中班幼儿对自己或别人完成任务的质量开始有一定的要求。

3. 幼儿晚期（5 ~ 6 岁）

5 ~ 6 岁是幼儿园大班幼儿的年龄，也是即将进入小学的年龄。这一时期幼儿心理的主要特点是：

（1）爱学、好问，有极强的求知欲望

学前后期的幼儿对周围世界有着积极的求知探索欲，他们不但爱问“是什么”，还想知道“怎么来的”“什么做的”。幼儿常常会提出这样的问题：“为什么月亮会跟着我走?”“小孩是从哪里来的?”“电视机里的人怎么会走路、说话?”有的幼儿喜欢把玩具拆开探索其中的奥秘。幼儿开始对自然现象的起源和机械运动的原理等产生兴趣，渴望得到科学的答案。

家长、教师都应该保护幼儿的求知欲，不应嫌麻烦而拒绝回答幼儿的提问，要科学地回答幼儿的提问。

（2）抽象概括能力开始发展

大班幼儿的思维仍然是具体形象的，但已有了抽象概括的萌芽。

5 ~ 6 岁幼儿已开始掌握一些比较抽象的概念，不再需要以具体事物作为标志，如不用说“拿匙子的手是右手”了。

5 ~ 6 岁幼儿开始能根据事物的本质属性对熟悉的物体进行初步的概括分类，如把人工饲养的身上有羽毛、两条腿的鸡、鸭、鹅归为家禽类。然而，这一阶段的幼儿对这类概念的掌握比较初级、简单，还不能掌握概念的精确含义，缺乏进行高一级抽象概括的能力。例如，有的幼儿只能把家畜、家禽概括为动物，而把昆虫排斥在动物之外。

5 ~ 6 岁幼儿能初步理解事物的因果关系。例如，在解释乒乓球从倾斜的积木上滚落时说：“乒乓球是圆的，积木是斜的，球放上去就会滚下来。”

5 ~ 6 岁幼儿也会进行一些简单的逻辑推理。例如，几个大班幼儿在观察一幅图画时，对图画描绘的季节发生了激烈的争论。一些幼儿说是夏天，因为图中男孩穿着短裤，另一些幼儿说是秋天，因为图中女孩穿着绒衣，说明他们既注意到图画的细节，又会根据这些细节进行分析推断。当然，6 岁前幼儿的逻辑推理能力只是初步形成，还无法进行多层次的分析推理。

（3）个性初具雏形

5 ~ 6 岁幼儿对人、对己、对事开始有了相对稳定的态度和行为方式。在自由活动中，5 ~ 6 岁幼儿表现出相对稳定的兴趣，有的幼儿总是去玩毛绒娃娃，有的幼儿总是去玩汽车，还有幼儿总是凑在一起踢球。

5 ~ 6 岁幼儿的情绪不像以前那么容易变化，思想情感已经不那么外露，不愉快情绪有时持续较长时间。例如，想要的玩具妈妈没给买，有的幼儿会一天都不高兴。

5 ~ 6 岁幼儿的荣誉感、自卑感、羞愧感、嫉妒心、好强心等都比之前更明显、更显露。

5 ~ 6 岁幼儿的性格特征已有明显差异，已开始表现出顺从的、冲动的、懦弱的、好表现的、攻击的、内向的、外向的以及依赖的等不同性格特征。

以上表现说明，5 ~ 6 岁幼儿的心理活动已经开始形成系统，也就是说，已经开始形成个性。这些都与幼儿认识活动抽象概括性的发展，及各种心理活动有意性的发展相联系的。从这个时期开始，幼儿的心理活动不再是孤立的、零碎的，而是各种心理活动互相紧密地联系。对于幼儿最初的个性特征，成人应当给予充分的关注。幼儿园教师在面向全体幼儿进行教育的同时，还应该因材施教、因人施教，使幼儿全面、健康地发展。

（4）开始掌握认知方法

大班幼儿开始掌握有意地自觉控制和调节自己心理活动的方法。在认知活动方面，无论是观察、注意、记忆过程，还是思维和想象过程，大班幼儿认知能力都有了一定的发展。大班幼儿已经可以比较两个或多个图形的异同，并对它们进行简单的分类。在注意的活动中，大班幼儿也能够采取各种方法使自己不分散注意力。

总之，幼儿心理的发展是高速的、连续的、渐进的，但又有一定的阶段性、不平衡性。幼儿心理发展会经历一个从简单到复杂、从具体到抽象、从被动到主动、从零散到体系的过程。

四、幼儿心理发展的关键期

“关键期”的概念是奥地利动物心理学家劳伦兹提出来的。1935 年劳伦兹在观察小鹅破壳出生时发现，小鹅第一眼看见什么活动的东西就把什么东西当成妈妈，并追随它、依恋它；但是如果在小鹅孵出后 24 小时内将其与外界隔离，不让它看到活动的人或物，小鹅就不会再发生追随现象了。经过多次试验，劳伦兹认为，出生后的 24 小时是小鹅认母的关键期，错过了这个关键期，小鹅就丧失了认母的行为。劳伦兹把小鹅这种无须强化的、在一定时期容易形成的反应叫作印刻现象，印刻发生的时期叫作发展关键期。

目前，在人类身上还没有发现典型的印刻现象，没有发现错过某一时期就完全不能进行的学习。但就幼儿的学习而言，某些学习在某一特定的时期内进行效果更好，更容易激发个体的学习潜能。发展心理学家将动物的关键期概念引入幼儿学习行为的研究领域，发现某一特定年龄时期幼儿对某种知识或行为十分敏感，学习起来很容易，错过这个时期学习则发生困难，甚至影响终身。这一时期就是幼儿心理发展的关键期。由于在关键期内个体对形成这些知识和行为的环境影响特别敏感，有的研究者也将关键期称为敏感期。

图 1-2　蒙台梭利

世界著名的幼儿教育家蒙台梭利（见图 1-2）在与幼儿的长期相处过程中，对幼儿进行了大量的观察与研究，提出了幼儿心理发展的敏感期，并将它运用在幼儿教育上，对提升幼儿的智力做出了卓越的贡献。

蒙台梭利归纳出以下九种敏感期：

1. 语言敏感期（0 ~ 6 岁）

从幼儿能够发音时他的语言学习就开始了，先是咿咿呀呀的发音练习，接着是单音的出现，“妈妈”“爸爸”是我们听到的最早的语言，然后使用词—短语—短句表达完整的意思。经过了这几个阶段，幼儿从语言模仿开始，一直到发现语言的美妙，幼儿的语言就这样发展起来了。

0 ~ 1 岁是语言准备期，2 岁是口语爆发期，3 岁基本掌握全部母语发音，4 ~ 5 岁是书面语言的敏感期。

幼儿的语言能力影响其表达能力，进而影响其日后的社会交流。

2. 秩序敏感期（2 ~ 4 岁）

幼儿出生来到这个陌生世界，他的内心逐渐建立起一个个他熟悉的秩序。他认为外界环境应该和他的内心秩序一致，一个环节也不能错，一个环节也不能漏，先后的顺序也不能打乱，只有这样他才能更好地认识事物、熟悉环境。一旦熟悉的环境消失，幼儿就会无所适从，会因无法适应新环境而哭泣、害怕甚至大发脾气。

情景再现

柔柔 2 岁多了，每天晚上睡觉前，她都要先抱上毛绒玩具，让妈妈铺好小毛毯，上床躺下，关灯，讲一个故事，然后才睡觉。做这些事情时，顺序颠倒了不行，少一样也不行，一定要重来，不然柔柔就哭闹。

幼儿对秩序的敏感常表现在对顺序性、生活习惯、所有物的要求上。幼儿秩序的敏感期可划分为螺旋式上升的三个阶段：第一阶段，因为秩序的破坏而哭闹，秩序一旦恢复就会平静下来；第二阶段，为了维护秩序而说不，自我意识开始萌芽；第三阶段，为了维护秩序而执拗，一切要重新来。这种程序和秩序进入幼儿内心，成为幼儿最初的内在逻辑，这就是幼儿的思维，有时称为直线式思维。

家长和教师要注意观察幼儿的生活秩序，让幼儿按照自己的想法进行，帮助幼儿顺利渡过秩序的敏感期，这样可使幼儿的逻辑思维能力得到发展，也能促进其生活秩序化。

3. 感官敏感期（0 ~ 6 岁）

幼儿从出生起，就会凭借听觉、视觉、味觉、触觉等熟悉环境、了解事物。3 岁前，幼儿的学习方式像摄像机、录音机，从环境中汲取信息，这一学习和贮存大量知识的过程是在潜意识层面进行的，不需要花费大量精力。3 岁之后幼儿开始通过感官分析判断周围的事物。这时，幼儿的学习是主动的，在操作中自觉得到发展。家长或教师应该顺应幼儿的发展，并且注意对环境的布置。例如，为幼儿准备多样的感官材料，或在生活中随机引导幼儿运用五官感受周围事物，尤其当幼儿充满探索欲望时，只要不具有危险性或不侵犯他人他物，应尽可能满足幼儿的需求。

4. 对细微事物感兴趣的敏感期（1.5 ~ 4 岁）

一个时期内，幼儿手里总爱紧紧攥着一些小东西，好像生怕别人抢走似的。处在这个阶段的幼儿，眼睛里好像只有小东西，越小的东西越吸引他。他的眼睛仿佛是放大镜，能将所有的小蚂蚁、小珠子、小石子、小线头等收录到眼睛里，并产生浓厚兴趣，然后兴致勃勃地去观察、去玩耍。通过对这些事物的观察，幼儿会不断地积累经验，获得知识。玩耍中不断抓摸细小物品，成为幼儿精细动作、复杂动作发展的开端。对细微事物的格外注意也是幼儿观察能力的开端。

5. 动作敏感期（0 ~ 6 岁）

幼儿一出生就进入了动作敏感期。动作敏感期分为两大重要内容：一个是身体运动，即大肌肉动作的发育（抬头、翻身、坐、爬、站、走、跑、跳）；另一个是手的动作，即精细动作的发育。走路的敏感期是 1 ~ 2 岁，手的动作敏感期是 1.5 ~ 3 岁。这一时期应让幼儿充分运动，以使肢体动作正确、熟练，有助于左、右脑均衡发展；更要加强小肌肉的练习，即手眼协调的细微动作教育，这样不仅有助于幼儿养成良好的动作习惯，还能促进幼儿智力的发展。

6. 社会规范敏感期（2.5 ~ 6 岁）

两岁半以上的幼儿逐渐脱离自我中心，开始关注身边的同伴，产生了结交朋友的愿望。随着年龄的不断增长，幼儿与人交往的愿望、在群体中生活的愿望会逐渐加强。这种心理状态促使幼儿为了获得同伴的青睐而修正自己不恰当或粗暴的行为，使交往能够成为可能。

这时，家长和教师应与幼儿明确生活规范、日常礼仪，使其日后能遵守社会规范，并拥有自律的生活。

7. 书写敏感期（3.5 ~ 4.5 岁）

三岁半后，幼儿对涂涂画画表现出浓厚的兴趣，常常手握一支笔，涂鸦好长时间，表现出痴迷的热情。幼儿进入书写敏感期一般需要经历用笔在纸上戳戳点点、来来回回画不规则的线、画不规则的圆圈、书写出规整的文字等几个阶段。整个敏感期持续 1 个月到 1 年的时间，这一时期的涂涂画画为今后的书写绘画奠定了基础。

8. 阅读敏感期（4.5 ~ 5.5 岁）

这一时期的幼儿开始对各种幼儿读物感兴趣。家长和教师对其进行教育时可多选择读物，在幼儿经常活动的场所多放置书籍，使幼儿养成爱读书的好习惯。

9. 文化敏感期（6 ~ 9 岁）

蒙台梭利指出，幼儿对文化学习的兴趣萌芽于 3 岁，到了 6 ~ 9 岁出现探索事物的强烈要求，表现出对音乐的挚爱、对动植物的关怀、对天文地理的兴趣等。这时幼儿的心智就像一块肥沃的田地，准备接受大量的文化播种。成人可在此时提供丰富的文化信息，满足幼儿对文化学习的需求。

蒙台梭利认为虽然所有幼儿都经历同样的敏感期，但是每个幼儿经历的过程序列与时间却有所不同。所以，在教育中运用敏感期的关键是要在它们出现时能辨认出它们，并及时为幼儿提供相应的最佳学习环境，促进幼儿相关心理的发展。

思考 · 练习

一、简答题

1. 人的心理活动包括哪些内容？

2. 人的心理的实质是什么？

3. 影响幼儿心理发展的因素有哪些？

二、案例分析

1. 兰兰已经两岁零七个月了。近些天，兰兰的“言行举止”总是让妈妈弄不明白。

前几天，妈妈和兰兰一块儿坐在院子里乘凉，兰兰看到天空上那一轮圆月和调皮地眨巴着眼睛的星星，非常兴奋。妈妈说：“天黑了，该睡觉了。”“月亮为什么不睡觉呢？”“那星星为什么还眨眼睛呢？”兰兰的反问让妈妈惊讶。

前天上午，妈妈和兰兰走在大街上，兰兰极不愿意妈妈拉她的手。最让妈妈担心的是平坦的道路她不走，却偏偏一摇三晃地走那凹凸不平的地方。中午在饭桌上，兰兰本来会自己好好地用汤匙吃饭，却故意把米粒撒一饭桌，用手捡着放到嘴里。

今天中午，妈妈把做好的饭菜刚端到饭桌上，兰兰一脸认真地说："妈妈，你辛苦了。"

结合以上案例，回答下面问题：

（1）兰兰的"言行举止"说明了什么？

（2）这个时期，幼儿教育中应注意的问题有哪些？

2. 国外媒体曾报道过一个叫基尼的小女孩，她母亲双目失明，丧失了抚养幼儿的基本能力；父亲讨厌她，虐待她。基尼自婴儿期起就几乎没听到过说话，更不用说有人教她说话了。除了哥哥匆匆地、沉默地给她送些食物外，可以说，基尼生活在一间被完全隔离的小房里。她严重营养不良，胳膊和腿都不能伸直，不知道如何咀嚼，没有明显的喜怒表情。基尼3岁被发现后，被送到了医院。最初几个月，基尼的智商得分只相当于1岁正常婴儿。多方面的重视使她受到了特别的精心照顾。尽管如此，直到13岁，基尼都没有学会人类语言的语法规则，不能进行最基本的语言交流。据专家研究分析，基尼的缺陷不是天生的。

结合以上案例，回答下面问题：

（1）基尼的缺陷说明了什么？

（2）基尼在精心教育下仍不能学会人类语言的语法规则，为什么？

第二章 幼儿的注意

学习目标

- ◆ 掌握注意的概念。
- ◆ 明确注意的种类和特点。
- ◆ 理解注意的规律与幼儿活动之间的关系。

第一节 注意概述

一、注意的概念

幼儿爱玩“走迷宫”游戏，在游戏中幼儿的心理活动完全指向并集中于迷宫图这一事物，这就是注意。注意是心理活动对一定对象的指向与集中。指向性是指人在清醒的每一瞬间，心理活动总是有选择地倾注于某些事物，同时忽略其他的事物。例如，幼儿在听教师讲故事时，他的心理活动选择了教师的动作、语言、表情等，而不会在意自己旁边的其他小朋友在干什么，从而对前者记得牢，而对后者的印象很模糊。如果选择了某些事物而且选择的程度很高，从而对其他刺激视而不见、听而不闻，这就是注意的集中。例如，小朋友们看动画片时，当看到某一精彩片段时，家长叫他的名字他都听不到。注意的集中性是指心理活动不但选择了某一事物，而且会全神贯注于这一事物，以确保所选择的对象在其头脑中获得清晰的反映。

注意不是独立的心理过程，它总是和感觉、知觉、记忆、想象、思维同时发生，是各种心理过程所共有的特性。任何心理活动的开始和进行都离不开注意，注意伴随并保证心理过程顺利进行。注意感知某一事物时，就可获得对此事物外部特征清晰、完整的反映；注意思考某一问题时，问题就易于解决；注意记忆某一个事物时，就记得又快又准，而且保持的时间也长。反之，如果对感知的对象心不在焉，就会听而不闻、视而不见。总之，注意使心理活动处于积极状态，能够提高心理活动的效率。事实上，并不存在离开心理活动的单纯的注意。人们在注意的时候，总是在看、听、记或想。离开心理过程，也就谈不上注意了。因此，在日常生活中，注意一词的后面总是要跟一个与心理活动有关的字，如注意看、注意听、注意记等。注意对我们的生活和学习活动都起着十分重要的作用。

二、注意的种类

根据有无预定的目的和是否需要意志努力，可以把注意分为无意注意、有意注意和有意后注意。

1. 无意注意

无意注意也称不随意注意，是指没有预定的目的，也不需要意志努力的注意。例如，上课时，外面一个教师进来找东西，这时幼儿的目光会不由自主地转向这个进来的教师。在这种情况下，幼儿对注意的事物没有任何准备，注意的维持也不需要意志努力。无意注意是被动的注意。

产生无意注意的原因有两类：一是刺激物的刺激，二是人的主观状态。

（1）刺激物的刺激

刺激物必须具备一定的特点才能使人产生无意注意。

1）刺激物的强度。一个刺激物若要引起人们的注意，它必须有一定的强度，很强的光线、巨大的声响都容易引起人的无意注意。

2）刺激物之间的对比关系。刺激物如果在形状、颜色、大小及刺激持续时间的长短等方面有显著差别，就容易引起人们的注意。例如，“万绿丛中一点红”容易引起人们的注意。

3）刺激物的活动和变化。发出声音或会动的电动玩具比静止的玩具更容易吸引幼儿的注意，活动的教具比静止的图片更容易吸引幼儿的注意。

（2）人的主观状态

同样一个事物，未必能引起所有人的注意。这是因为无意注意的引起除了与刺激物的特点有关外，还和本人的主观状态有关。人的主观状态主要包括两方面：

1）需要和兴趣。能满足人的需要或者人们感兴趣的事物，容易成为注意的对象。例如，人们进入书店，首先看到的大都是与自己的兴趣或需要有关的书。

2）情绪和精神状态。一个人如果身体健康、精神饱满、心情愉快，会对身边的很多事物都兴致勃勃。一个人如果处于疲劳状态，周围的事物就不容易引起他的注意。

2. 有意注意

有意注意也称随意注意，是有预定目的，必要时需要一定意志努力的注意。例如，为了考上大学，尽管学习特别枯燥，但是高中生仍能克服困难，坚持认真学习；我们为把自己培养成优秀的幼教工作者，经常克服困难、排除干扰认真学习。

3. 有意后注意

有意后注意又称随意后注意，是在有意注意的基础上发展起来的，有自觉目的但不需要意志努力的注意，是更高级的注意。培养有意后注意需要以下两个条件：

（1）对活动的直接兴趣，这是培养有意后注意的关键。

（2）活动的熟练和系统化。

知识卡

幼儿在刚开始学做手工的时候，往往需要一定的努力才能把自己的注意保持在这件事情上，但是在对手工发生了兴趣以后，就可以不需要意志努力而继续保持注意了，而这种注意仍是自觉的和有目的的。

三、注意的外部表现

人在注意某一事物时，常常伴有一些外部表现，比较明显的有以下几种：

1. 适应性运动

幼儿在听教师讲故事，当听得很入迷时，会凝视着教师或双手托住下颌，这就是适应性运动的一种。

2. 停止无关运动

当幼儿集中注意某项活动时，常常会停止与这项活动无关的动作，表现为静止状态。例如，人们边吃饭边看电视，当看到一些精彩片段时，往往会暂停吃饭。所以，在幼儿吃饭时，教师会把电视关掉让幼儿集中注意进餐。

3. 呼吸变化

当一个人特别想听到别人谈论的话题但对方声音很小时，这个人呼吸会变得轻微而缓慢，甚至出现呼吸暂时停歇的现象。当人精神高度紧张时，会出现牙关紧闭、握紧拳头等现象。

注意的外部表现有时可能和内部状态不一致。例如，对一件事情貌似注意，而实际上心理活动却集中于另一件事情上。

由于幼儿注意的外部表现比较明显，因此教师可以从观察幼儿的外部表现来判断幼儿是否集中注意，从而正确地组织教育教学。

第二节　幼儿注意的培养

一、注意在幼儿心理发展中的作用

俄罗斯著名教育家乌申斯基曾说过："注意是学习的大门"。由于注意，人们才能在头脑中获得对客观现实最清晰、最完善的反映，才能确保各项活动的顺利进行。为此，幼教工作者要研究幼儿注意的发展特点和规律，在学习、游戏等活动中运用规律引起幼儿的注意，从而获得更好的教学效果。

情景再现

姥姥把大班的阳阳从幼儿园接回来，阳阳先在楼下和小朋友玩了一会儿，满头大汗地上了楼，打开冰箱拿出汽水，一口气喝下去一半。然后，阳阳打开电视机，调到幼儿频道，正看得津津有味时，突然听到妈妈问作业写好了没有，这才想起来作业还没有写完。阳阳恋恋不舍地关上电视，回到自己房间写作业。书桌上一堆乱七八糟的东西，阳阳随便挤了个角落出来，开始写作业。翻开数学作业题一看，他心里直犯嘀咕："怎么好像都不会呀？算了，还是先写拼音吧。"转过头来写拼音，过了没几分钟，他又看到买了才几天的直升机摆在桌上，自己还没有玩过瘾呢，想到这儿，又不由自主地拿起了直升机……

从阳阳的行为中可以看出，幼儿注意的发展对其心理发展有很大的影响。一个人的注意品质直接影响其感觉、知觉、记忆、想象和思维的发展，进而影响其做事的效率。许多幼儿上学后学习困难，就是因为注意没有发展好。

二、幼儿注意发展的主要特征

幼儿期的无意注意得到高度发展，在教育影响下，有意注意才逐渐形成。

1. 幼儿的无意注意占优势

随着活动范围的扩大，幼儿的求知欲增强，新兴趣和需要不断产生，周围环境中的很多事物都能引起幼儿的注意，尤其是形象鲜明、刺激强烈、活动多变的事物。这就是幼儿喜欢看动画片、听故事的原因。

随着年龄的增长，幼儿渴望参加成人的社会实践活动，模仿成人的行为动作。因此，现实中的工人做工、农民种田、医生看病、学生上学、售货员卖东西等，都成为幼儿无意注意的对象，他们玩模仿游戏能持续很长时间。例如，有的幼儿见过医生打针，于是到幼儿园里和小朋友们玩打针的游戏。

2. 幼儿的有意注意逐渐发展

小班幼儿的有意注意稳定性很低，心理活动不能有意地持久集中于固定的对象。在良好的教育条件下，小班幼儿一般也只能集中注意几分钟。此外，小班幼儿有意注意的对象也比较少。

随着年龄的增长，中班幼儿在正确教育的影响下，其有意注意得到发展。在适宜条件下，中班幼儿注意集中的时间可达十分钟左右。在短时间内，他们还可以自觉地把注意集中于一种并非十分吸引自己的活动上。例如，为了正确做出教师留下的计算作业，他们能够集中注意默默数自己的手指。

大班幼儿在正确的教育下，有意注意迅速发展。在适宜条件下，大班幼儿注意集中的时间可延长到十至十五分钟。这样，他们就能够按照教师的要求去组织自己的注意。

三、幼儿注意品质的发展

一个人的注意品质主要由注意的稳定性、注意的广度、注意的转移和注意的分配四种品质共同决定。

1. 幼儿注意的稳定性

注意的稳定性是指注意保持在某种事物上或从事某项活动的时间长短。幼儿注意的稳定性还比较差，难以持久地、稳定地进行有意注意。但在良好的教育影响下，幼儿注意的稳定性可以不断地发展。幼儿的年龄与注意稳定时间的关系见表 2–1。

表 2–1　幼儿的年龄与注意稳定时间的关系

幼儿年龄	注意稳定时间
3 ~ 4 岁	3 ~ 5 分钟
4 ~ 5 岁	10 分钟
5 ~ 6 岁	20 分钟

与注意稳定相反的品质是注意的分散，即分心。注意的分散主要由无关刺激的干扰或单调刺激的长时间作用引起。因此，为了保持幼儿注意稳定，教师在教学过程中应排除无关刺激的干扰，并使活动多样化。

2. 幼儿注意的广度

注意的广度又称注意的范围，指在同一时间内能清楚把握的对象的数量。例如，教师在班上用目光一扫，便知道哪个幼儿在、哪个幼儿不在，这就是注意的广度。注意广度的大小，与人的主观状态、注意对象的特点有关。注意的目的越明确、越单一，人的知识、经验越丰富，注意的广度越大，相反其广度就越小。幼儿注意的广度比较狭窄。成人在 1/10 秒内一般能够注意到 4 ~ 6 个相互间无联系的对象，而幼儿至多能把握 2 ~ 3 个对象，因此向幼儿提问题时一次不能问得太多。另外，注意的对象越集中，排列越有规律，越能成为相互联系的整体，这样注意的范围就越大，反之越小。因此，在幼儿教学中为幼儿准备的教具和图片应该有规律。随着年龄和知识经验的增长以及生活实践的丰富，幼儿注意的广度逐渐扩大。

3. 幼儿注意的转移

注意的转移是指根据任务，主动、及时地把注意从一个对象转换到另外一个对象上。注意的转移和注意的分散不同，虽然都是改变注意对象，但前者是主动、有目的地更换对象，而后者是被动的，是无意中由于无关刺激的干扰或单调的刺激使注意离开需要注意的对象，是不良的品质。例如，幼儿边画画边玩手中的彩笔，这是幼儿注意的分散。幼儿画完画能紧接着投入到语言课中，这是幼儿注意的转移。

注意转移的难易、快慢，取决于原来注意的强度和新对象的性质。例如，使幼儿的注意从游戏很快转移到计算作业上是比较困难的，因为幼儿喜欢游戏，玩起来注意集中，而计算作业的吸引力不如游戏。此外，注意的灵活性与人的神经系统是否灵活有关。神经系统比较灵活的人，注意容易转移；神经系统不太灵活的人，注意转移就比较困难。

4. 幼儿注意的分配

注意的分配是指人们在同时进行两种或两种以上活动时，能够把注意指向不同对象。例如，在教幼儿唱歌时，教师需要一边弹琴，一边唱歌，一边观察幼儿。

注意的分配是有条件的。如果对同时进行的几种活动都比较熟练，或者对其中一种活动掌握得非常熟练，甚至接近于自动化的程度，那么注意的分配就比较容易实现。如果能够使同时进行的两种或两种以上活动在头脑中形成密切的联系，那么注意的分配也比较容易实现。

四、幼儿注意的培养方法

1. 防止幼儿注意的分散

（1）防止无关刺激的干扰

幼儿注意的分散，常常是无关刺激的干扰造成的。例如，室内布置过分华丽、教师衣着打扮过于花哨、教师上课时对个别幼儿的大声提醒等。为了防止幼儿注意的分散，教师应该尽量避免无关刺激物的影响，保持室内外安静。室内布置既要醒目、整洁，又不宜过分华丽、繁杂；教师的服饰要整洁大方，不要有过多的花饰；游戏时不要一次呈现过多的刺激物；上课前应先把玩具、图画书等收起放好；上课时运用的挂图等教具不要过早呈现，用过应立即收起；对年龄小的幼儿不要展示过多的教具。

（2）创设健康、和谐的家庭环境

如果家庭成员间彼此尊敬、互相关心、关系融洽，幼儿在家里就会感到安全、愉快，表现出积极情绪。如果家里人情冷淡、气氛紧张、经常吵闹，幼儿就可能产生一些消极情绪和行为。幼儿的情绪与其注意力密切相关。因此，家长应为幼儿创设充满关爱、温暖、尊重和支持的精神环境，以使幼儿获得充分的安全感、受尊重感和被接纳感，这样有利于培养幼儿集中注意力。

（3）制定合理的作息制度

家长应为幼儿制定合理的作息制度，使幼儿有充分的睡眠和休息时间，晚间不要让幼儿多看电视或看得太晚，星期天不要让幼儿外出玩得太久。要使幼儿的生活有规律，保证他们有充沛的精力从事学习等活动，防止注意分散。很多幼儿在过了两天周末之后会有“星期一恐惧症”，就是因为在家的生活制度和幼儿园里不一样。

2. 提高教师的教学水平

幼儿的注意以无意注意为主，因此新颖的、形象鲜明生动而又富有变化的刺激物容易引起幼儿的兴趣和注意。因此，教师应该多用生动活泼的教学方法，制作形象鲜明的活动教具。例如，教师在教幼儿认识洗漱用品时，可以采用变魔术等游戏、表演的方法吸引其注意。特别是教幼儿计算时，教师更要注意教学方法的选择和教具的使用。

情景再现

在科学活动“神奇的图画”中，教师展示了一张白纸，在幼儿确认纸上什么都没有后，教师举起喷雾器，朝画上一喷，奇迹就出现了，画面上呈现出一只可爱的蓝色小兔子。幼儿十分惊讶地说：“老师会变魔术！”这时，教师神秘地回答：“这个小魔术很简单，每个小朋友都会变，不信你们试试。”幼儿跃跃欲试。

3. 使幼儿充分理解活动的目的

发展幼儿注意的重点，就是把幼儿的注意逐渐地由无意注意转为有意注意。在组织活动时，教师对幼儿提出较具体的注意目标，幼儿就会把注意集中在具体的目标上，并带着兴趣去寻求答案；相反，如果教师没有提出具体的注意目标，幼儿在活动中就会漫无目的。注意是为任务服务的，任务越明确，幼儿对任务的理解就越深刻，完成任务的愿望就越迫切，就越能集中和保持注意。

情景再现

一个6岁的大班幼儿平时对画画不感兴趣，很少专心画完一幅画。有一次，教师在班上说："今天小朋友们画的画是要在园里张贴的，到时你们的家长和幼儿园园长都可以看到，我们看一看哪位小朋友画得最好。"结果，这个小朋友画得特别认真，这是因为他想让自己的家长和幼儿园园长都能喜欢自己画的画。

4. 合理组织活动

教师活动组织是否合理，直接影响幼儿有意注意的保持。

（1）不同性质的活动搭配恰当

让幼儿进行完户外活动后马上坐下来学习拼音，他们十有八九要走神。幼儿很少能像成人一样"只看不动"。在幼儿的教学工作中，把智力活动和一些操作活动结合起来，有利于对有意注意的保持。例如，在教幼儿学古诗时，可以配以画或动作；在教幼儿学计算时，可以让幼儿点数一些实物。

（2）幼儿活动要丰富多彩，以游戏为主

游戏是幼儿的主要学习形式，不仅能培养幼儿的综合素质，也有利于提高幼儿的注意品质。因此，提倡家长多陪幼儿玩一些需要集中注意的游戏，如看图找缺失部分（见图2–1）。

图2–1　看图找缺失部分

（3）为幼儿选择适宜的教学内容

为幼儿选择的教学内容必须要符合幼儿接受水平，并具有新奇感。教学内容不宜过深或过浅。只有"跳一跳够得到"的内容，才能引起幼儿的注意。例如，组织幼儿讨论"飞船靠什么力量飞行""飞船的速度为什么很快""为什么飞船不从天上掉下来"，讨论时，幼儿注意力集中、思维活跃、争着发言。之后，组织幼儿折纸飞船、玩纸飞船，让幼

儿在动手动脑过程中对学习内容产生兴趣，有利于形成和发展幼儿的有意注意。

5. 培养幼儿的间接兴趣

兴趣是产生和保持注意的主要条件，通常把兴趣分为直接兴趣和间接兴趣。直接兴趣是由活动过程本身直接引起的，如看电视。间接兴趣是对活动目的和活动结果感兴趣。有时，活动过程本身并不吸引人，甚至很枯燥，但活动的结果却很吸引人，也能引起幼儿的兴趣。例如，一个大班幼儿为了参加幼儿园的毕业汇报演出，每天主动练琴，他感兴趣的是练琴的结果——参加毕业演出。在无意注意中起作用的是直接兴趣，而在有意注意中起作用的是间接兴趣。形成稳定的间接兴趣，对引起和保持有意注意非常重要。

6. 培养幼儿坚强的意志和抗干扰能力

在游戏和活动中会遇到各种干扰，这些干扰可能是外界的刺激，也可能是机体的某些状态，如疾病、疲劳等，还有可能是一些无关的思想和情绪等。一个具有顽强意志力的人，才有较好的抗干扰能力，才能在活动中很好地维持有意注意。因此，要在游戏和活动中培养幼儿坚强的意志和抗干扰能力。

7. 灵活地交互运用无意注意和有意注意

无意注意和有意注意在生活中是不能完全分开的。单凭无意注意，不利于培养幼儿的意志力，况且，没有一个人对任何工作都感兴趣，也没有哪项工作是没有困难和干扰的。单凭有意注意，时间一长便会产生精神的紧张和疲劳，幼儿尤其如此。因此，教师既要运用新颖、多变、强烈的刺激，激发幼儿的无意注意，又要培养和激发幼儿的有意注意。教师可向幼儿讲明学习本领和做其他活动的意义和重要性，说明必须集中注意的道理，使幼儿逐渐能主动地集中注意。这样，对不十分感兴趣的事物幼儿也能努力注意，自觉防止分心。教师应灵活地运用两种注意形式，使幼儿能持久地集中注意。

8. 注意幼儿的个性差异

神经系统活动过于兴奋的幼儿，其注意难以持久和集中，主要表现为调皮、活泼好动、注意力涣散等。对这样的幼儿，教师可以多给他们安排一些安静的活动，如画画、拼图、搭积木等，加强注意稳定性的训练。

9. 对幼儿进行适当的鼓励

家长和教师可以让幼儿做些力所能及的事，在他们完成一件事时及时鼓励评价，幼儿就会产生满足感，这样注意力也较易集中。例如，幼儿只要保持 1 分钟的专注力就予以称赞，然后逐渐延长到一次 5 分钟、10 分钟。

情景再现

有一个叫东东的幼儿，在玩游戏时总会东张西望或摸旁边幼儿的衣服。教师抱过来好多《小熊维尼》的课本，请他帮忙发给其他幼儿，他做得很开心，比任何时候都乖巧，于是教师马上伸出一个大拇指说："东东，你做得很棒，以后有什么事老师再请你帮忙，可以吗？"他兴高采烈地说："好啊！"在接下来的日子里，东东做事比以前认真了，也不再东张西望了。

总之，教育对幼儿注意的发展起重要作用。教师应根据幼儿注意发展的特点和规律，进行有计划、有目的的教育和教学，积极培养幼儿的注意力，为他们进入小学学习创造有利的条件。

思考 · 练习

一、简答题

1. 无意注意和有意注意有什么区别？产生无意注意的原因有哪些？

2. 注意有哪些品质？

二、案例分析

亮亮 3 岁了，妈妈给他讲故事时，亮亮一会儿说外面有小猫在叫，一会儿说要玩皮球，总是不能专注地听下去。

结合幼儿注意发展的特点对本案例加以分析。

第三章 幼儿的感知觉

学习目标

- 了解感觉和知觉的概念。
- 理解幼儿感知觉发展的特点。
- 掌握幼儿感知觉的特性及在教育中的运用。
- 掌握幼儿观察力的特点及其培养方法。

第一节 感觉和知觉概述

一、感觉

1. 感觉的概念

感觉是指人脑对直接作用于感觉器官的客观事物个别属性的反映，属于简单的心理现象。当人认识某种事物的时候，会先将事物的个别属性通过感觉器官反映到大脑中，使大脑获得各种外部信息，从而产生相应的感觉。例如，教幼儿认识苹果，可以让幼儿观察它的形状、颜色，闻它的香气，用手触摸它的表皮感受光滑的程度，拿在手上掂一掂，知道它有一定的重量，最后还可以尝一尝它的味道。幼儿在头脑中接受这些单一的刺激，从而在感觉器官上引起的心理反应，就是感觉。

感觉在人类的生活中具有非常重要的作用。首先，感觉是人们认识世界的开端。通过感觉，人们既能认识外界事物的颜色、形状、气味、软硬等属性，又能认识自己机体的状态，如饥、渴等，从而有效地进行自我调节。其次，借助感觉获得的信息，人们可以进行更复杂的知觉、记忆、思维等活动，从而更好地反映客观世界。最后，感觉是维持正常心理活动的重要保障。实验表明，在动物个体发育的早期进行感觉剥夺，会使动物的感觉功能产生严重缺陷。人类也无法长时间忍受全部或部分感觉剥夺。感觉剥夺会使人的思维混乱，注意力不能集中，出现幻觉，甚至还会产生严重的心理障碍。

心理实验

1954 年，加拿大麦吉尔大学的心理学家进行了“感觉剥夺”实验（见图 3–1）。实验中给受试者戴上半透明的护目镜，使其难以产生视觉；用空气调节器发出的单调声音限制其听觉；手臂戴上纸筒套袖和手套，腿脚用夹板固定，限制其触觉。受试者单独待在实验室里，几小时后开始感到恐慌，进而产生幻觉。在实验室连续待了三四天后，受试者产生许多病理心理现象：出现错觉、幻觉；注意力涣散，思维迟钝；紧张、焦虑、恐惧等。实验结束后受试者数日方恢复正常。

实验结论

实验表明：大脑的发育、人的成长成熟建立在与外界环境广泛接触的基础上。人只有通过社会化的接触，更多地感受和外界的联系，才可能拥有更多的力量，才能更好地发展。

图 3–1　“感觉剥夺”实验

2. 感觉的分类

根据刺激来源的不同，可以把感觉分为外部感觉和内部感觉。外部感觉是指由机体以外的客观刺激引起，反映外界事物个别属性的感觉。外部感觉包括视觉、听觉、味觉、嗅觉和肤觉。内部感觉是指由机体内部的客观刺激引起，反映机体自身状态的感觉。内部感觉包括运动觉、平衡觉和机体觉。这八种感觉的具体说明见表 3–1。

表 3–1 人体的八种感觉

感觉种类	适宜刺激	感受器	反映属性
视觉	380 ~ 780 纳米的电磁波	视网膜的视锥细胞和视杆细胞	黑、白、彩色
听觉	16 ~ 20 000 次 / 秒音波	耳蜗的毛细胞	声音
味觉	有味道的化学物质	舌、咽上味蕾的味细胞	甜、酸、苦、咸等味道
嗅觉	有气味的挥发性物质	鼻腔黏膜的嗅细胞	气味
肤觉	物体机械的、温度的作用或伤害性刺激	皮肤和黏膜上的冷点、温点、痛点、触点	冷、温、痛、压、触
运动觉	肌肉收缩，身体各部分位置变化	肌肉、筋腱、韧带、关节中的神经末梢	身体运动状态，位置变化
平衡觉	身体位置、方向的变化	内耳、前庭半视管的毛细胞	身体位置变化
机体觉	内脏器官活动变化时的物理化学刺激	内脏器官壁上的神经末梢	身体疲劳、饥渴和内脏器官活动不正常

3. 感受性变化规律

（1）感觉的相互作用

感觉的相互作用指一种感觉在其他感觉的影响下发生感受性的变化。各种感觉不是孤立存在的，而是相互联系、相互制约的。不同感觉的相互作用可以使感受性发生变化，或者降低，或者提高。例如，微痛刺激能使视觉感受性提高；微光刺激能提高听觉的感受性；食物的颜色、温度会影响食物的味觉；微弱声音能提高视觉的感受性，强烈噪声能降低色觉的差别感受性。

（2）感觉的适应

感觉的适应指刺激物持续作用于感觉器官，引起感受性改变的现象。感受性可因刺激的持续时间而降低或提高。一般而言，弱刺激可以提高人的感受性，强刺激可以降低人的感受性。视觉适应最明显，视觉适应有暗适应和明适应，暗适应所需时间较长。例如，当电影开始后，进入影院时，开始眼睛什么也看不见，过了一段时间后才逐渐能看清楚，这就是暗适应；相反，当人们从电影院内走出来时，已经适应黑暗环境的眼睛会感到外面的光线太强，看不清外面的东西，但很快就能适应了，这一过程就是明适应。明适应的时间很短，1 分钟之内完成。古语“如入芝兰之室，久已不闻其香，……，如入鲍鱼之肆，久而不闻其臭”，这就是嗅觉的适应。痛觉的适应很难发生，因此痛觉是有机体的警报系统。

（3）感觉的对比

同一分析器的各种感觉可以相互作用而使感受性发生变化，这种现象叫感觉的对比。感觉对比有先后对比和同时对比两种。先后对比是指几个刺激物先后作用于同一感受器时所产生的对比现象。例如，先吃药再吃糖，会感到糖更甜；反之，先吃糖再吃药，会感到药更苦。同时对比是指几个刺激物同时作用于同一感受器时产生的对比现象，如“月明星稀”。再如，同样两个灰色小方块，一个放在白色背景上，一个放在黑色背景上，结果白色背景上的小方块看起来比黑色背景上的小方块要暗一些（见图 3-2）。

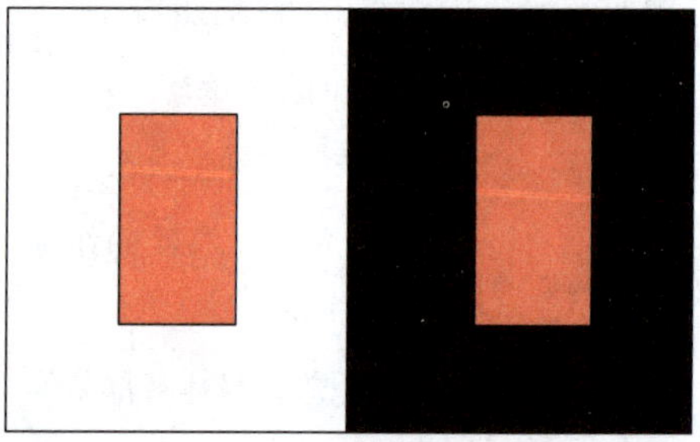

图 3-2　同时对比

（4）感受性的发展与补偿

人的感受性可以在个体实践活动和有意锻炼中获得提高与发展。丧失某种感觉能力的人，由于适应生活的需要，可以在生活实践中发展其他健全的感觉来弥补。人一出生就具备各种感觉器官和初步感觉能力，为各种感觉能力的发展奠定了基础。由于个体实践活动不同，某些感觉能力的发展水平会出现差异性，教育和训练可以提高感受性。例如，一般人对黑布只能分出深黑、浅黑等几个等级，而有经验的染布工人则可以把黑布按深浅程度区分为 43 等；有经验的品茶师喝一口茶，就知道茶的等级、产地等。人在某些分析器被破坏的情况下，由于社会生活的需要，其他分析器的感受性会极大地提高。例如，盲人的触觉和听觉格外灵敏，而聋哑人的视觉特别敏锐。

（5）联觉

一种感觉兼有另一种感觉的现象叫联觉。例如，从音乐中听到流水声、马鸣、电闪雷鸣、鸟语花香；日常生活中，人们常说“甜蜜的声音”“冰冷的脸色”等。最容易产生联觉现象的是颜色感觉。例如，红、橙、黄等颜色往往能给人温暖的感觉，所以称之为暖色；青、蓝、紫等颜色往往能使人产生寒冷的感觉，所以称之为冷色。

二、知觉

1. 知觉的概念

在生活中，任何客观事物的个别属性都不是孤立存在的，而是由多种属性有机结合起来构成一个整体。即客观事物直接作用于感受器时，人脑中反映的不仅仅是事物的个别属性，同时反映事物的整体，这就是知觉。

知觉是指人脑对直接作用于感觉器官的事物整体的反映。例如，音乐的旋律是由若干单音组成的，但听起来是一个完整的旋律。知觉以感觉为基础，但并非感觉成分的简单相加，而是对感觉所提供的信息进行加工，反映刺激所代表的意义。每个人的知识、兴趣、情感、经验不同，对同样的对象感知时的目的性、完整性、准确性也不一样。例如，一座山，画家知觉它为写生对象，着重反映它的造型；地质学家知觉它为矿藏资源，兴趣在于如何去挖掘、开采；旅游学家知觉它为美丽的风景区，兴趣在于如何开发旅游资源。

2. 知觉的分类

根据不同的标准，可以对知觉进行不同的分类。根据知觉是否正确，可将知觉分为正确的知觉和错误的知觉。根据知觉活动中占主导地位的感受器的不同，可将知觉分为视知觉、听知觉、嗅知觉、味知觉等。根据知觉对象的不同，可将知觉分为物体知觉和社会知觉。

（1）物体知觉

物体知觉就是对物的知觉，对自然界中、物理、化学、生物种种现象的知觉。

（2）社会知觉

社会知觉就是对人的知觉，对由人的社会实践所构成的社会现象的知觉，具体包括对他人的知觉、对自己的知觉、对人与人之间关系的知觉等。1947 年美国心理学家布鲁纳首次提出了“社会知觉”的概念，指出人的知觉过程受到其他社会因素的制约。

3. 知觉的基本特性

人的知觉活动表现出四种基本特性——选择性、整体性、理解性和恒常性。

（1）知觉的选择性

人所处的环境复杂多样。在某一瞬间，人不可能对众多事物都进行感知，而总是有选择地把某一事物作为知觉对象，与此同时把其他事物作为知觉背景，这就是知觉的选择性。

知觉的对象从背景中分离，与注意的选择性有关。当注意指向某个事物时，这个事物便成为知觉的对象，而其他事物便成为知觉的背景。当注意从一个对象转向另一个对象时，原来的知觉对象就成为背景，而原来的背景转化为知觉的对象。因此，注意选择性的规律同时也是知觉对象从背景中分离的规律。

有时，人可以依据目的进行调整，使对象和背景互换。例如，双关图“花瓶与人脸”（见图 3–3），选择白色部分作为对象时，图片的内容是花瓶；选择黑色部分作为对象时，图片的内容是人脸。

（2）知觉的整体性

虽然事物有多种属性，由不同部分构成，但是人们并不把知觉对象感知为个别的、孤立的几个部分，而倾向于把它们组合为一个整体（见图 3–4）。正因为如此，当人感知一个熟悉的对象时，哪怕只感知了它的个别属性或部分特征，就可以由经验判知其他特征，从而产生整体性的知觉。例如，面对一个残缺不全的零件，有经验的人还是能马上判断出它是何种机器上的何种部件。

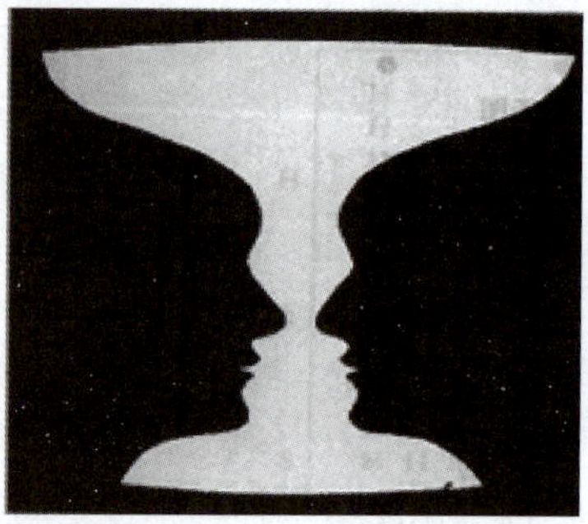

图 3–3　双关图“花瓶与人脸”

图 3–4　知觉的整体性

（3）知觉的理解性

知觉的理解性是指在知觉过程中，人用过去所获得的有关知识经验对感知对象进行理解，并以概念的形式标示出来。在理解过程中，知识经验是关键。例如，面对一张 X 光片，不懂医学的人很难知觉到有用的信息，而放射科的医师却能获知病变与否。图 3–5 是一个斑点图，正是以知识、经验为基础的理解作用，使我们填补了画面信息的空白，把对象知觉为一个有意义的整体。

图 3–5　斑点构成的整体

（4）知觉的恒常性

当知觉条件发生变化时，知觉的印象仍然保持相对不变，这就是知觉的恒常性。在视知觉中，知觉的恒常性十分明显。

视知觉的恒常性包括大小恒常性、形状恒常性、亮度恒常性、颜色恒常性和方向恒常性。从不同的角度看同一扇门，视网膜上的投影形状并不相同，但人们仍然把它知觉为同一扇门，这是形状恒常性（见图 3–6）。一个人由远及近，在观察者视网膜上的成像是越来越大的，但是观察者并不会认为这个人在慢慢变大，这是大小恒常性。煤块在日光下反射的光亮是白墙在月色下反射的光量的 5 万倍，但我们仍然认为煤是黑的、墙是白的，这是明度恒常性。家具在不同灯光的照明下颜色发生了变化，但人对它颜色的知觉保持不变，这是颜色恒常性。方向恒常性是指个体不随身体部位或视线方向改变而感知物体实际方位改变的知觉特征。恒常性使人在不同的条件下仍然产生近似实际的正确认识，这对正常的生活和工作是非常必要的。

图 3–6　形状恒常性

三、感觉与知觉的关系

感觉和知觉联系非常紧密，但也有一定的区别。

感觉和知觉的紧密联系，在于它们都是属于认识过程的感性阶段，都是对事物的直接反映。一旦事物在感觉器官所及的范围内消失，感觉和知觉也就停止了。感觉是知觉的基础，而知觉是感觉的深入和发展。对某事物感觉到的个别属性越丰富、越精确，对该事物的知觉也就越完整、越正确。在现实生活中，人一般都是以知觉的形式直接反映客观事物，感觉只是作为知觉的组成成分而存在于知觉中，很少有孤立的感觉存在。

感觉和知觉又是不同的心理过程。感觉是介于心理和生理之间的活动，它的产生主要依靠感觉器官的生理活动过程以及客观刺激的物理特性。相同的客观刺激会引起相同的感觉。而知觉则是纯粹的心理活动，是在感觉的基础上对物体的各种属性加以综合和解释的心理活动过程，处处表现出人的主观因素的参与。由感觉到知觉，其间经历一个主观选择的过程，即从感觉到的各种属性中选取一部分属性加以综合和解释。这在很大程度上依赖于一个人过去的经验，并受个人当时的兴趣、需要、动机和情绪等影响。

虽然感觉和知觉是人类对客观环境和主体状态的简单认识，但却是人类高级心理活动的基础，人类的高级认知、情感、意志都是从这里开始的。

第二节　幼儿感知觉的发展

一、幼儿感觉的发展

1. 视觉

（1）视觉敏锐度

视觉敏锐度是指幼儿分辨细小物体或远距离物体的细微部分的能力，也就是通常所说的视力。

整个幼儿期，幼儿的视觉敏锐度不断提高。研究者对 4 ~ 7 岁的幼儿进行调查，让幼儿在一定距离看白色背景上画有缺口的圆圈（见图 3–7），测量幼儿能看出缺口的距离。结果是：4 ~ 5 岁幼儿平均距离为 207.5 厘米，5 ~ 6 岁幼儿平均距离为 270 厘米，6 ~ 7 岁幼儿平均距离为 303 厘米。如果将 6 ~ 7 岁幼儿视觉敏锐度的发展程度定义为 100% 的话，那么，4 ~ 5 岁幼儿视觉敏锐度的发展程度为 70%，5 ~ 6 岁幼儿视觉敏锐度的发展程度为 90%。研究表明，5 岁是幼儿视觉敏锐度发展的转折期。

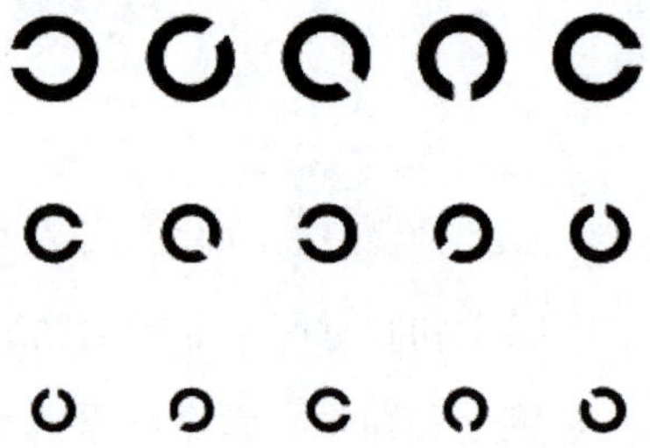
图 3–7　幼儿视觉敏锐度测试图

教师应根据幼儿视力发育的特点对幼儿实施教学：幼儿 4 岁以前，不宜在光线不足或光线较强的环境中看画面或字体很小的图书；为幼儿准备教具时，应注意年龄越小字、画应该越大；上课时，不要让幼儿坐在离图片或实物太远的地方，以免影响幼儿的视力和教育效果。

（2）颜色视觉

颜色视觉是指区别颜色细微差别的能力，又称辨色能力。幼儿的颜色视觉发展有如下特点：

1）幼儿初期，大多数幼儿能初步辨认红、橙、黄、绿、蓝等基本色，但辨认紫色等混合色和蓝与天蓝等近似色往往较困难，也难以说出颜色的正确名称。

2）幼儿中期，大多数幼儿已能区分基本色与近似色，如黄色与淡棕色，能够说出基本色的名称。

3）幼儿晚期，大多数幼儿不仅认识颜色，画图时还能运用各色颜料调出需要的颜色，而且能正确地说出黑、白、红、蓝、绿、黄、棕、灰、粉红、紫、橙等颜色名称。

幼儿的颜色视觉有个别差异，适当的学习有利于提高颜色视觉的敏感程度。在幼儿园中，教师要为幼儿提供色彩丰富的环境，使幼儿多接触不同的颜色，并经常引导幼儿做精确的辨认；在教学和游戏中注意指导幼儿掌握正确的颜色名称。

2. 听觉

（1）听觉感受性

听觉感受性包括听觉的绝对感受性和差别感受性。绝对感受性是指分辨最小声音的能力，差别感受性则指分辨不同声音的最小差别的能力。幼儿的听觉感受性有很大的个体差异，有的高些，有的低些。研究表明，幼儿在 12 岁之前听觉感受性一直在增长，6 ~ 8 岁间几乎增加一倍。在幼儿园中，幼儿教师可以利用音乐教学和音乐游戏来促进幼儿听觉感受性的发展。

（2）言语听觉

幼儿对语音的辨别是在言语交际过程中发展和完善的。幼儿中期可以辨别语言的细小差别，幼儿晚期基本上可以辨别本民族语言包含的各种语音。

幼儿园应经常对幼儿进行听力方面的检查，及时发现听力有缺陷的幼儿，尤其要注意幼儿的“重听”现象。“重听”是指有些幼儿虽然对别人所说的话听得不清楚、不完全，但是，常常能根据说话者的面部表情、嘴唇的动作及当时说话的情境，正确地猜到别人所说的内容。“重听”现象往往不易被人们觉察，但它会给幼儿言语听觉、言语能力和智力的发展带来不良的影响，因此应加以重视。

听觉是幼儿认识世界的重要途径，对幼儿的生活和学习有着不可或缺的作用。幼儿通过听觉辨别周围的声音，确定行为来源和方向，做出相应的反应，避免伤害或与外界交流沟通。同时，听觉还是幼儿学习语言的前提和基础。幼儿园的环境要舒适安静，如果幼儿园中噪声过大（80 分贝以上），长时间就会对幼儿听觉造成伤害。幼儿期是语言发展的关键期，教师要注意幼儿听觉的保护和训练。

3. 触觉

触觉是肤觉和运动觉的联合，是幼儿认识世界的重要途径。人可以在触摸的过程中感知物体的大小、形状、软硬、轻重、粗细、光滑和粗糙等属性。婴幼儿的触觉主要有两种形式：口腔探索和手的探索。1 岁前，口腔是主要的触觉器官，之后，手成为主要的触觉器官。触觉的绝对感受性在幼儿很小的时候就开始发展，但差别感受性在幼儿期才开始迅速发展。为了解幼儿触觉差别感受性的发展过程，专家们曾进行过如下试验：蒙住幼儿双眼，让幼儿用手掂量物体的重量。其中 4 岁幼儿对物体重量的估计错误率大于 70%，而 7 岁幼儿对物体重量的估计错误率只有 26%。另外，不同年龄阶段幼儿掂量的方法不同，4 岁幼儿多用两个物体同时比较法，而 7 岁幼儿则可以采用先估计一个再估计另一个的相继比较法。

二、幼儿知觉的发展

1. 空间知觉

空间知觉是比较复杂的知觉，是视觉、听觉、运动觉等多种分析器联合活动的结果。空间知觉包括对方位、距离与深度、形状等的辨别，是运用多种感官进行的复合知觉。

（1）方位知觉

方位知觉是指对物体的空间关系和自己在空间所处位置的知觉，包括上下、前后、左右、东西、南北的辨别。

幼儿方位知觉发展的顺序是：上、下、前、后、左、右。3 岁幼儿能辨别上下，4 岁幼儿开始辨别前后，5 岁幼儿开始能以自身为中心辨别左右，6 岁幼儿能较轻松地辨别上下前后 4 个方位，但对以左右方位的相对性来辨别左右仍感到困难。由于幼儿辨别空间方位是从以自身为中心辨别过渡到以其他客体为中心辨别，因此教师在音乐、舞蹈、体育等教学活动中，要用“照镜子”的方法示范动作，即以幼儿的角度来做示范动作。例如，要对面站立的幼儿举起左手，教师示范时自己要举起右手。

（2）距离与深度知觉

距离与深度知觉是指一个人判定物体与物体之间以及物体与人之间距离的能力。

幼儿能分清熟悉的物体或场所的远近，对于比较广阔的空间距离还不能正确认识。幼儿还不能很好地掌握透视原理，不熟悉“近物大，远物小”，所以画出的物体远近大小不分。

心理实验

为了研究幼儿对深度的知觉是先天就具有的还是通过后天的学习获得的，吉布森和沃克精心设计了“视崖”实验（见图 3-8）：一块大的玻璃平台，中间放一块略高于玻璃的中央板，板的一侧玻璃上铺一块格子形的图案布。因为它与中央板的高度相差不多，看起来似乎像“浅滩”。在中央板的另一侧离玻璃几米深的地面上也铺上同样格子形的图案布，给幼儿造成错觉，这里似乎像“悬崖”。然后把 6.5 ～ 14 个月的婴幼儿放在中央板上，让婴幼儿的母亲分别在“浅滩”和“悬崖”两边呼唤他们。实验结果表明，36 名被试者中有 27 名愿意从中央板爬过“浅滩”来到母亲身边，只有 3 名“冒险者”爬过“悬崖”。大多数婴幼儿见到母亲在悬崖一边呼唤时，不是朝母亲那边爬，而是朝离开母亲的方向爬，还有一些婴幼儿哭叫起来。

图 3-8 “视崖”实验

实验结论

婴幼儿早就有了深度知觉，但还不能由此断定深度知觉是先天的，因为它很可能是在出生后的 6 个月中学会的。

（3）形状知觉

形状知觉是对物体几何形体的辨别，它依靠运动觉和视觉的协同活动实现。不同年龄阶段的幼儿对不同图形的辨别熟练度有所不同。一般来说，幼儿初期能正确辨别圆形、正方形、三角形和长方形，幼儿中晚期还可辨别半圆形和梯形。在教师的指导下，幼儿还能适当辨认菱形、平行四边形和椭圆形。

2. 时间知觉

时间知觉是指人对客观现象的延续性、顺序性和速度的反映。时间很抽象，为了正确感知它，人总是通过某种衡量时间的媒介来反映时间。

小班幼儿已经具有了初步的时间概念，但往往与他们具体的生活活动相联系。例如，早晨就是起床、上幼儿园的时候，下午就是从幼儿园回家的时候，晚上就是睡觉的时候。但是对于带有相对性的时间概念，如“昨天”“今天”“明天”，就难以正确掌握。

中班幼儿可以正确理解昨天、今天、明天，也会运用早晨、晚上等词，但是对于较远的时间（如前天、后天），他们理解起来就困难些，家长和教师可以结合具体的事情加以解释。例如，通知幼儿后天开运动会，要解释“后天就是睡了一个晚上，过了一天，再睡一个晚上就到了。”

大班幼儿开始能辨别前天、后天，能分清上午、下午，知道星期几，但对于更短的或更远的时间观念就很难分清，如从前、马上等。

第三节　幼儿感知觉特性与幼儿教育

一、感觉特性与幼儿教育

1. 感觉的相互作用与幼儿教育

各种感觉是相互联系、相互制约的。因此，在幼儿园中，教师上课时说话的音量要适中，不宜大声喊叫，以免影响幼儿的感受力。食物的颜色、温度等会影响人对食物的味觉，因此幼儿园的饭菜要尽量做到色、香、味俱佳。

2. 感觉的适应性与幼儿教育

教师在组织幼儿进入较暗的场所时要稍微停留一下再行动，使幼儿眼睛先适应，以免发生碰撞。如果幼儿看书时光线变暗，教师要提醒幼儿到光亮处或者开灯，因为暗适应能使幼儿继续看得见，但损害幼儿视力。播放音乐时声音不应过响，以免幼儿的听觉感受性下降，甚至损伤听力。在寒冷的冬季，进入室内有时会闻到一股污浊的气味，而在室内的人却不容易察觉，这就是嗅觉的适应现象。因此，幼儿园各班活动室都应经常通风换气，以保证空气清新。

3. 感觉的对比性与幼儿教育

幼儿园教师在为幼儿制作直观教具或进行教学时，要注意掌握对比的规律。例如，浅色的图形贴在深色的背景上会比较醒目，而贴在浅色的背景上则不鲜明。再如，在美术活动中，为了让幼儿对色彩理解更深，可以在图画作品的范例中选用对比色，刺激幼儿的视觉，并引导幼儿用对比色来上色，如主体用了亮色，那么底色可以选用暗一点的色彩，这样就可以突出主体，使画面更鲜明。同时，教师要学会利用这种规律提高幼儿的感受性，让幼儿学以致用。另外，幼儿园为幼儿准备膳食要考虑味觉的对比现象。

4. 感受性的发展与幼儿教育

在幼儿园中，教师可以通过有目的、有计划地组织专门的练习和活动，来发展幼儿的感受性。例如，通过触摸猜测游戏来发展幼儿的触觉，通过美术活动来发展幼儿对颜色的感受性等。

二、知觉特性与幼儿教育

在知觉过程中，人们将对象从背景中分出来的过程，受对象与背景的差别、对象的活动性、刺激物本身各部分的组合，以及教师的言语指导等条件影响。

1. 对象与背景的差别

对象与背景的差别越大，对象越容易从背景中区别出来；反之，对象则容易消失在背景中。教师要根据一定的教学目的，适当运用对象与背景关系的规律。例如，为了让幼儿观察红花，就以绿树为背景；而为了提高幼儿的观察力水平，就让幼儿在绿草中寻找青蛙。

根据这个规律，教师的板书、挂图和实验演示应当突出重点，加强对象与背景的差别。对重点部分，应使用粗线条、粗体字或彩色笔，使它们醒目，这样容易被幼儿感知。另外，教学指示棒与直观教具的颜色不要太接近。

2. 对象的活动性

在固定不变的背景上，活动的刺激物容易被知觉为对象。婴幼儿爱看活动的物体即与此规律有关。

根据这个规律，教师应当尽量多利用活动模型、活动玩具以及幻灯片、录像等，使幼儿获得清晰的知觉。

3. 刺激物本身各部分的组合（相邻性原则）

在视觉刺激中，凡是距离上接近或形态上相似的各部分容易组成知觉的对象。例如，图 3–9 中的线条，人一眼望去就会很自然地按照距离上的远近把线条看成是三组，并且互相分开。在听觉上，刺激物各部分在时间上的组合，即“时距”的接近也是我们分出知觉对象的重要条件。

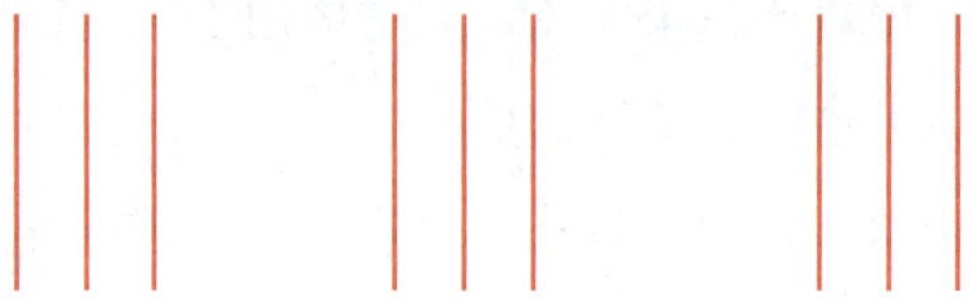

图 3-9　相邻性原则

根据这个规律，教师在绘制挂图时，为了突出需要观察的对象或部分，周围最好不要附加类似的线条或图形，注意拉开距离或加上不同的色彩。凡是说明事物变化与发展的挂图，更应注意每一个演进图的距离，不要将它们混淆在一起。教师讲课的声调应抑扬顿挫。如果教师讲话平铺直叙，很少变化，毫无停顿之处，幼儿就不容易抓住重点。

4. 教师的言语与直观材料相结合

有些直观材料，只让幼儿自己观察幼儿不一定看得清楚，如果加上教师的讲解，幼儿就能很好地理解。因此，教师对直观材料的运用必须与言语讲解结合起来。教师通过讲解，联系幼儿已有的知识经验，调动幼儿的学习兴趣，这样才能收到较好的效果。

在 3 ~ 6 岁幼儿的认知活动，感知觉占据重要地位。幼儿认识每个新事物时，都需要用各种感官去接触它们，对它们进行直接的感知。例如，苹果和橘子的不同，幼儿是在亲眼看一看、亲手摸一摸、亲口尝一尝中认识的。又如，幼儿在夏天多次看见天空出现了乌云，感觉到很闷热，随之看到闪电霹雳，接着听到雷声轰隆，继之大雨瓢泼而下，这一情况反复多次，他们就知道了下雨前的一般征兆。幼儿的思维活动虽然已经有所发展，但其思维仍然十分依赖感知的形象。例如，在皮亚杰的守恒实验中，幼儿对物体长短、大小，对液体容量的多少等的判断，往往根据直接感知的形象，而不是事物的本质。换句话说，幼儿的思维常常受感知所左右。

心理实验

向幼儿呈现两个一模一样的杯子，把两个杯子装入相同数量的液体。在幼儿认为两个杯子装有相同数量的液体后，将一个杯子中的液体倒入另一个比较高但比较狭小的杯子里（见图 3–10），并问幼儿“两个杯子里的水一样多，还是一个多一个少？”

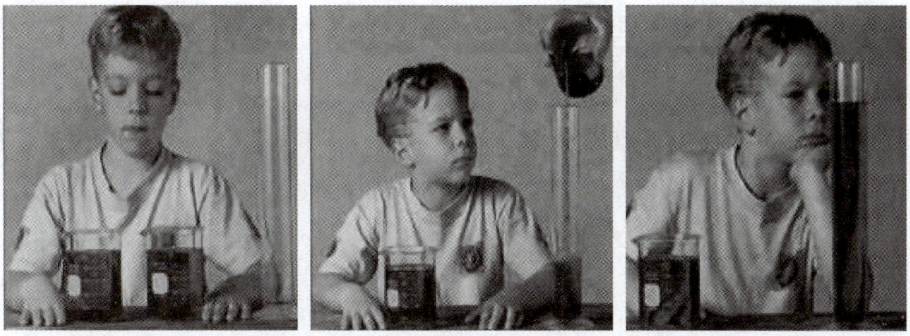

图 3-10 皮亚杰的液体守恒实验

实验结论

将一个杯子中的液体倒入另一个比较高但比较狭小的杯子里后，如果幼儿回答两个杯子的液体不一样多，说明幼儿还未形成液体守恒概念；如果幼儿回答两个杯子里的液体一样多，则说明幼儿已形成液体守恒概念。

三、幼儿观察力的发展

观察是有目的、有计划、比较持久的知觉过程，是知觉的高级形态，是人从现实中获得感性认识的主动积极的活动形式。不同年龄阶段的幼儿，观察力的发展水平不同。目前的研究结果认为，幼儿期是观察力初步形成的阶段，3 岁前的幼儿缺乏主动的观察，幼儿观察力的发展在 3 岁后比较明显。幼儿观察力的发展主要表现在以下几个方面：

1. 目的性加强

目的性是区分一般感知和观察的重要特点之一。小班幼儿常常不能自觉地、有目的地去观察，或者在观察过程中很容易受事物突出的外部特征以及当时情绪、兴趣的影响而忘记观察目的或频繁更换观察对象。到幼儿中晚期，中大班幼儿能够排除一些干扰，按照事先规定的观察任务进行观察，目的性有所提高。有这样一个实验：有一张图片，画面是几个小朋友在玩玩具，其中有一个小朋友的衣服扣错扣子了，鞋也掉了一只，请幼儿从图片中把这个小朋友找出来。实验发现，小班幼儿常常不能完成任务，他们会被画面上好玩的玩具吸引，而忘记观察的目的。中大班的幼儿观察目的性有较大提高，实验中有 78% 的中班幼儿和 93% 的大班幼儿完成了观察任务。由此可见，随着年龄的增长，幼儿观察的目的性逐渐加强。

2. 持续性延长

幼儿观察持续性的发展与观察目的性的提高有密切的联系。小班幼儿的观察常常不能持久，到了中大班，随着年龄的增长，幼儿的观察时间逐渐增加。在阿格诺索娃的实验中，3 ~ 4 岁幼儿观察图片的平均时间为 6 分 8 秒，5 岁幼儿有所提高，平均时间为 7 分 6 秒，6 岁幼儿观察的时间显著增加，平均时间为 12 分 3 秒。另外，幼儿对于喜欢的东西，如活动多变的、感兴趣的事物，观察的时间就会长些。

3. 细致性增加

小班幼儿观察事物，往往只看到事物表面的、明显的部分，如小班幼儿能看到位置突出、颜色鲜艳、新鲜有趣的物体，看不到虽然不显眼、不突出但却代表事物本质的细致的部分。幼儿到了中大班，在成人的引导下，开始能够观察到事物细微的、隐蔽的特征，如能够找出藏在草丛里的小动物。

4. 概括性提高

小班幼儿一般观察到的是事物零散的特征、孤立的现象，观察时往往发现不了事物之间的内在联系和本质特征。例如，小班幼儿观察一幅图画时，只能说出画面上的个别事物或个别人的动作，而不能说出这幅画的主题思想。因此，要求小班幼儿给一幅画定一个合适的名称是比较难实现的。中大班的幼儿，随着思维的发展，观察的概括性也在不断提高。例如，给幼儿看两幅图画，其中一幅画着小孩玩球，另一幅画着球把玻璃打碎了，小班幼儿往往说不出这两幅图画间的因果关系。中班幼儿观察的概括性稍有提高，但也只有部分幼儿能做出比较令人满意的回答。到大班，才有多数幼儿能做出正确回答。

5. 观察方法形成

幼儿喜欢观察，但不知如何科学地观察。小班幼儿的观察是跳跃式的、没有顺序性的，东看一眼，西看一眼，常常是杂乱无章的。经过教育引导，中大班幼儿比小班幼儿有了一定的进步，能够按照一定的顺序进行观察。科学家们曾通过专门的装置将幼儿在观察图形时的眼球瞳孔运动轨迹（简称眼动轨迹）记录下来，记录结果表明：3 岁幼儿观看图形时，眼动轨迹杂乱无章，视线或者停留在图形的某个部位，或者在某个部位来回扫视，而不会沿图形的轮廓移动；4 ~ 5 岁幼儿的眼动轨迹逐渐符合图形的轮廓，但仍有不少错误；6 岁幼儿的眼动轨迹已经能够基本上符合图形的轮廓。可见，到幼儿末期，幼儿才能按照合理的顺序稳定地观察事物。

四、幼儿观察力的培养

苏联著名生理学家巴甫洛夫在他的实验室墙上写了几个醒目的大字“观察、观察、再观察”。生物进化论创始人达尔文则把他的科研成果归功于观察，他说：“我既没有突出的理解力，也没有过人的机智，只是在觉察稍纵即逝的事物并对其进行精细观察的能力上，我可能在普通人之上。”观察力的培养和发展，对幼儿掌握知识、发展心理、认识世界具有重要的意义。但是由于幼儿观察力不强，观察不够认真、细致，所以对事物的认识往往是笼统的、粗略的，对事物的印象也只能是表面、片面、孤立零碎、星星点点的。因此，在发展和培养幼儿的观察力时要注意以下几点：

1. 让幼儿明确观察的目的和任务

幼儿常常不能进行自觉的、有意识的观察，他们或观察时事先无目的，或易在观察中忘记目的，且很容易受外界刺激和个人情绪、兴趣的影响。因此，给幼儿提出的观察目的和任务一定要明确。

心理实验

有人做过这样的实验：请两组幼儿观察两张初看完全相同的图片，对第一组幼儿在观察前讲明这两张图片有五处不同，而对第二组幼儿只要求他们找出两张图片的不同处，但不告诉他们共有几处不同。结果第一组幼儿平均找出 4.5 处不同，第二组幼儿平均只找出 3.7 处不同。

实验结论

由此可以看出，观察目的、任务的明确程度会直接影响观察的效果，目的、任务越明确，效果越好。

例如，教师组织了一次班级主题活动“各种各样的车”。为了让幼儿对各种车辆有较直观的感知，使该主题的一系列活动能较好地完成，在带领幼儿到马路上观察各种各样的车之前，教师对幼儿说：“老师今天要带小朋友们到马路上看看有些什么车，这些车载了什么，它们的外形有什么不一样。看看哪个小朋友看得最认真。”由于明确了观察的目的，幼儿在观察时就能够按要求去观察所有驶过的车辆类型、车辆装载物品及外形特征。

2. 在观察中培养幼儿的概括能力

在观察中培养幼儿的概括能力，首先要引导幼儿多观察自然。大自然是幼儿最好的老师，各种各样的自然现象既为幼儿提供了丰富的感性知识，又有助于促进幼儿观察概括能力的发展。例如，带领幼儿观察风雨雷电的现象，去动物园观察各种动物的特征，到公园观察花草树木，到田野观察农作物和蔬菜的生长情况等。其次，要引导幼儿多动手实验。例如，组织幼儿在种植角种植物，从种植到浇水、施肥等都让幼儿自己动手，实际地了解植物生长与阳光、水分的关系，这无疑比单纯用语言讲解效果要好得多。这样不仅可以提高幼儿观察的兴趣，更主要的是能够帮助幼儿发现事物之间的内在联系，从而使幼儿概括事物主要特征的能力不断得到锻炼和提高。

3. 让幼儿掌握正确的观察方法

由于受经验和认识能力所限，幼儿在观察客观事物时往往抓不住要点，缺乏一定的顺序性。因此，教师应教给幼儿正确的观察方法，让幼儿按一定的顺序进行观察，学会从上到下、由里到外、从左到右、由远及近（或由近及远）、由整体到局部有顺序地观察。例如，认识动物，一般从头、颈、身体、四肢、尾一部分一部分观察；认识水果，一般由表及里地观察。另外，教师还可以教幼儿根据事物的主要特征进行比较观察。例如，教幼儿认识苹果和梨时，可以让幼儿把两者放在一起对比，看看它们的外形、表皮、果肉、果核有什么相同和不同的地方，通过比较，幼儿对苹果和梨的认识就更清楚、更明确了。

4. 调动幼儿的多种感官参与观察

在进行观察时，要启发幼儿运用多种感觉器官参加活动。客观事物的特征是多方面的，如色、香、味、软硬、大小、冷热、形状、声音等。在幼儿观察时，要充分调动幼儿视觉、听觉、味觉、触觉、嗅觉等器官去感知事物各方面的特征，让幼儿多看、多想、多听、多讲、多摸、多嗅，以加深幼儿对事物的印象。

多渠道的活动不仅有利于帮助幼儿形成对物体的立体知觉和印象，而且有利于提高幼儿大脑皮层分析综合活动的状态和活力。例如，认识水时（见图 3–11），让幼儿多看一看、闻一闻、尝一尝、倒一倒。幼儿运用了多种感官感知，知道水是透明的、无色无味的、可以流动的液体。再如，观察兔子时（见图 3–12），不但可以让幼儿用视、听感官进行感知，而且可以让幼儿用手摸一摸兔子的皮毛，体验毛茸茸的感觉，还可以让幼儿学一学兔子是怎么跳的，从而帮助幼儿形成有关兔子的完整印象。通过调动幼儿的多种感官参与观察活动，不仅能让幼儿学得积极、愉快，还可以提升幼儿各种感官的敏捷性。

图 3-11　认识水的活动

图 3-12　观察兔子

思考 · 练习

一、简答题

1. 日常生活中的感觉和知觉有哪些？举例说明幼儿感知觉的发展特点。

2. 结合实际谈谈如何保护幼儿的视力。

3. 教师在教学活动中如何更好地利用幼儿知觉的特性？

二、案例分析

教师让小朋友观察蝌蚪的生活和成长，特别是小蝌蚪如何成为青蛙的过程，结果很多小蝌蚪都莫名地死掉了，幸存的两只也没了往日的欢快。“小蝌蚪究竟怎么死的？”成了幼儿们最想知道的事。

如果你是教师，你会怎样安排后面的活动呢？

第四章 幼儿的记忆

学习目标

- 了解记忆和记忆的种类以及表象。
- 了解遗忘及其规律。
- 掌握记忆的品质。
- 掌握幼儿记忆的特点及培养方法。

第一节 记忆概述

一、记忆的概念

记忆是以识记、保持、再认和再现（回忆）的方式对经验进行的反映。一个人出生以后，会受到来自客观世界的多种多样的刺激。这些刺激带来的信息，有的随着时间的流逝消失了，有的则在大脑中保留了下来，成为前面所说的“经验”。日后在一定的条件下，人们又能对这些“经验”重新回想起来，或者当它再次出现时能辨认出来，这就是记忆。例如，幼儿记一首儿歌，教师先示范朗读，然后带领幼儿以多种形式反复跟读、诵读，这就是幼儿对这首儿歌的识记和保持。以后，幼儿只要一听到这首儿歌的名称，就能背诵出来，这就是再认和回忆（再现）。

“记”和“忆”是彼此紧密联系的完整过程。汉语中的“记忆”一词，表明了人对过去经验的反映是先有“记”后有“忆”的过程。“记”是“忆”的前提，没有“记”就没有“忆”；“忆”是“记”的结果和验证，“忆”不出来说明“记”得不好，没有“忆”，“记”也就失去了意义。

俄国生理学家谢切诺夫曾说过：一切智慧的根源都在于记忆。如果没有记忆，人将永远停留在新生儿状态，一切心理活动都不会发展。所以，记忆是整个心理活动的基本条件。

二、记忆的种类

记忆可以从不同的角度进行分类。

1. 根据记忆的内容分类

根据记忆的内容不同，可以把记忆分为形象记忆、情绪记忆、逻辑记忆和运动记忆四种。

（1）形象记忆

以感知的事物形象为内容的记忆叫形象记忆。例如，人们在参观过天安门后，脑海中会保持天安门的形象，这就属于形象记忆。在形象记忆中，人们一般以视觉记忆为主，也包括听觉记忆、味觉记忆、嗅觉记忆等。有些人由于职业的需要，味觉记忆、嗅觉记忆会得到高度发展，如品茶师、品酒师等。

（2）情绪记忆

以体验过的某种情绪或情感为内容的记忆叫作情绪记忆。例如，教师对第一次到幼儿园为小朋友上课时紧张兴奋的心情的记忆，就是情绪记忆。

（3）逻辑记忆

以概念、判断、推理等抽象思维为内容的记忆叫作逻辑记忆。例如，人们对数学、物理学的定理、法则和公式等的记忆，对心理学相关概念的记忆都属于逻辑记忆。这种记忆的内容都是通过语词、符号表达出来的，因此这种记忆也被称为语词逻辑记忆。

（4）运动记忆

以过去做过的动作为内容的记忆叫作运动记忆。例如，人在学过一个舞蹈后，能一个动作接一个动作完整地跳下来，就是运动记忆发挥作用的结果。运动记忆在识记时比较困难，但是一经记住，则容易保持、恢复和不易遗忘。

在现实生活中，以上四种记忆相互联系，往往很难将它们完全分开。人们在记某些事物的时候，常常需要两种或者两种以上的记忆进行参与。同时还要明确，每个人都有这四种记忆，但是，由于每个人的先天素质和后天实践活动不同，记忆类型在每个人身上的发展程度也是不一样的。例如，数学家的逻辑记忆占主要地位，运动员的运动记忆占主要地位，画家的形象记忆发展得更好一些。

2. 根据记忆保持时间的长短分类

根据记忆保持时间的长短不同，可以把记忆分成瞬时记忆、短时记忆和长时记忆。

（1）瞬时记忆

瞬时记忆又称为立即记忆或感觉记忆，指个体通过视觉、听觉、味觉、嗅觉等感觉器官，感觉到刺激时所引起的短暂记忆，一般只有 0.25 ~ 2 秒的保存时间。例如，人在马路上行走，身边掠过很多风景，各种声音、味道也无时无刻不在给人以感官刺激。但是，就像走马观花一样，风景看不到后，记忆自然就开始消失或急剧减退。瞬时记忆的信息是未加工的原始信息。瞬时记忆的时间很短，通过复习，瞬时记忆可以转化为短时记忆或长时记忆。

（2）短时记忆

短时记忆是指获得的信息在头脑中贮存时间不超过 1 分钟的记忆。例如，电话接线员接线时对用户号码的记忆就是短时记忆，当他们接完线后，一般来说就不再把号码保持在头脑里。因此，短时记忆也被称为电话号码式记忆。一般人的短时记忆容量为 7 ± 2 个信息单位。

（3）长时记忆

长时记忆是指 1 分钟以上直到许多年，甚至保持终生的记忆，时间跨度极大。长时记忆大部分是短时记忆加工和重复的结果。人们总是把重要的、有印象的、有趣的事情作为短时记忆暂时性地记下来，之后再从中筛选，把其中一些保存为长时记忆。将短期记忆转化成长时记忆，必须要付出相应的努力。当然，长时记忆也有由于印象深刻一次获得的。

3. 根据信息加工和存储内容分类

根据信息加工和存储内容的不同，可以把记忆分为陈述性记忆和程序性记忆。

（1）陈述性记忆

陈述性记忆是指对有关事实和事件的记忆，它可以通过语言传授一次性获得，如在课堂上学习的课本知识和日常的生活常识都属于这类记忆。陈述性记忆的提取往往需要意识的参与。

（2）程序性记忆

程序性记忆是指关于如何做事情的记忆，包括对知觉技能、认知技能和运动技能的记忆，如对做某些动作的技巧、钢琴指法的记忆等。这类记忆往往需要多次尝试才能逐渐获得，在利用这类记忆时往往不需要意识的参与。

4. 根据记忆是否被意识到分类

根据记忆是否被意识到，可以把记忆分为外显记忆和内隐记忆。

在我们的头脑里保留着许多记忆，有些是人能意识到的，有些则是意识不到的。意识到的记忆称为外显记忆，如人能记忆小学时背过的“乘法口诀表”，记得去年新年联欢会的活动。而无意识的记忆称为内隐记忆，即我们没有意识到但确实存在的过去经验或记忆。例如，人能熟练地打字，但是要求立刻正确地说出键盘上字母的位置，许多人往往做不到，这说明他们有字母位置的内隐记忆。

三、表象

1. 表象的定义

表象是保持在记忆中的客观事物的形象，即感知过的事物不在面前时在大脑中再现的形象。例如，我们在放假时脑海中有时会出现教师或同学的形象，这种形象就是表象。表象所回忆的内容一定是事物的形象，而不是关于事物的概念或者语言的描述。

表象是在感知觉的基础上形成的，因此可以根据表象形成过程中起主导作用的感觉器官的种类，将表象分为视觉表象、听觉表象、味觉表象、嗅觉表象等。表象可能是单一的，但通常是综合性的，这是在知觉过程中不同分析器相互作用的结果。例如，回忆某个外文单词时既有声音的听觉表象，又有字母的视觉表象。

2. 表象的特征

（1）形象性

表象分为记忆表象和想象表象。通常所讲的表象是记忆表象的简称。记忆表象产生于感知，是在过去感知的基础上形成的并保持在头脑中的事物印象。记忆表象属于客观事物的感性印象，是直观的、具体的。例如，我们回忆中学的某位教师时，这位教师的音容笑貌、言谈举止就会在大脑中浮现。有些幼儿在观察一件东西之后，在短时间内可以形成异常鲜明的表象。例如，有人给幼儿看一张内容十分丰富的图画，半分钟以后把图画拿走，然后要求幼儿描述所看到的东西。结果大多数幼儿或者说没有看到什么或者描述得不清晰；但有少数幼儿可以描述得非常清晰，甚至可以说出图画上的一些细节。又如，有些小学生背诵课文时，头脑中有鲜明的书本表象，好像看着书本朗诵一样。这类现象称为遗觉象，指看到的事物从视域中移开后仍能保持鲜明、生动、逼真、清晰、具体的形象。遗觉象是记忆表象的特殊形式，是部分儿童特有的现象，一般到青年期就会消失。

（2）概括性

记忆表象来自对事物的知觉，它常常是综合多次知觉的结果，与对象多次印象的概括相联系。在生活中，多次知觉的同一物体或同类物体在表象中留下的只是这类事物的一般印象，而事物的个别特征会消失。例如，人们头脑中的树木、房屋、山峰等已不再是具体的某一棵树、某一间房、某一座山，而是一般概括的树木、房屋、山峰。但表象的概括只限于外部形象，属于感性认识阶段；思维的概括性则反映事物的本质属性，属于理性认识阶段。然而，表象是对事物本质特征概括的基础，因此可以认为表象是感知过程向抽象思维过程过渡的中间环节。

（3）可操作性

表象在头脑中不是凝固不动的，而是可以被智力操作的。表象在头脑中可以被分析、综合，可以被放大、缩小，可以被移植，也可以被翻转。正因为表象具有可操作性，形象思维、创造思维、想象才成为可能。

四、保持和遗忘

1. 保持

保持是过去识记过的事物形象在头脑中得到巩固的过程。识记材料的保持并不是机械的、重复的、一成不变的结果，而是对材料进一步加工的过程，它会随着时间的推移和受后来经验的影响而发生质或量的变化。

量的变化主要是指记忆内容的保持呈减少的趋势。人都有体会，经历过的事情过一段时间后总是要忘掉一些。但是也有例外的情况，有一种现象叫“记忆回涨”现象，是指学习某种材料后相隔一段时间所测量到的保持量，比学习后立即测量到的保持量要高。但是，量的增加不是人人都有的。一般来说，当识记不太充分、材料难度较大时，容易发生记忆回涨现象；学龄初期儿童和幼儿容易发生记忆回涨现象。

质的变化是多种多样的，主要指对内容的加工改造。保持的加工改造情况，各人因经验不同而不一致，可能有以下几种形式的变化：

（1）内容简略或概括，原来内容中有些细节，特别是不重要的细节将逐渐消失。

（2）内容变得更加完整、合理和有意义。

（3）内容变得更加具体，或者更夸张和突出。

以上这些变化说明，识记不是一个被动地把过去经验简单保持的过程，而是一个积极“创造”的过程。

2. 遗忘

所谓遗忘，就是对识记过的材料不能再认和回忆，或者错误地再认和回忆。记忆保持的最大变化就是遗忘。保持和遗忘是矛盾的两个方面，也就是同一记忆活动的两个方面。保持住的记忆内容就是没有遗忘，而记忆的内容不能被保持或者提取时有困难就是遗忘。保持越多，遗忘越少。记忆力强的人总是能保持得很多而遗忘得少。

遗忘从原因看可分为两类：一类是永久性遗忘，即已经识记过的材料，由于没有反复强化和运用，在头脑中保留的痕迹自动消失，不能再认也不能回忆。另一类是暂时性遗忘，即已识记过的材料，由于其他刺激的干扰，使得头脑中保留的痕迹受到抑制，不能立即再认或再现，当干扰一旦排除，抑制消除，记忆仍可恢复。例如，有些学生在考试的时候过于紧张，使得原本非常熟悉的内容在考试时想不起来，等到考试结束放松下来后才又想起来，这就是暂时性遗忘。

从现代心理学的角度看，遗忘并非全是坏事，而实际上人也不可能将接收到的信息全部无一遗漏地保持住。适当的遗忘甚至有益于人的心理健康，提高人的学习和工作效率。不愉快的情绪应该排解、遗忘掉，而不应该耿耿于怀。

在学习过程中，人们往往希望自己有超人的记忆能力，达到“过目不忘”的程度。其实，遗忘也是记忆过程不可缺失的方面。

心理实验

心理学研究表明，遗忘是有规律的。德国心理学家艾宾浩斯首先对遗忘现象做了比较系统的实验研究。他引进了实验室实验方法研究学习、记忆和遗忘，详尽地研究了学习、记忆和学习材料的性质、组织、数量等条件的关系，以及学习巩固程度、学习后时间间隔对记忆和遗忘的影响等问题。为了使学习和记忆尽量少受旧有的和日常工作经验的影响，他应用了无意义音节作为学习、记忆的材料，以自己做受试者。实验时，他先学习一组材料，计算出记住它所需要的时间；隔一定时间后重新学习，计算出重新记住它时可以节省多少时间，这种方法称为"节省法"，以计算保持和遗忘的数量。重新学习时，节省的时间多即表示保持的多。实验结果表明：在学习材料后，隔20分钟重新学习时，可节省时间58.2%；一小时后，节省时间44.2%；一天后再学，节省时间33.7%；6天以后再学习，节省时间就缓慢下降到25.4%。依据这些数据绘制的曲线就是著名的艾宾浩斯遗忘曲线（见图4-1）。

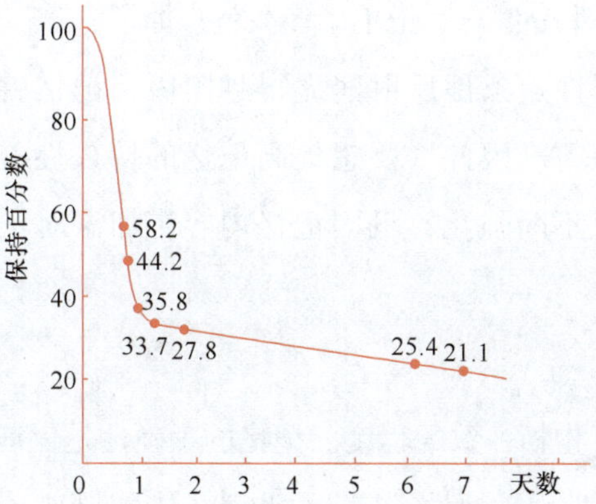

时间间隔	记忆量
刚刚记忆完毕	100%
20分钟之后	58.2%
1小时之后	44.2%
8~9个小时后	35.8%
1天后	33.7%
2天后	27.8%
6天后	25.4%
1个月后	21.1%

图4-1　艾宾浩斯遗忘曲线

实验结论

从遗忘曲线可以看出，识记后在大脑中保持的材料是随时间的推移而逐渐递减的，即遗忘。遗忘的进程是不均衡的，在识记停止以后的短时期内特别迅速，随着时间的推移，遗忘逐渐放缓，到了一定时间后几乎不再遗忘，即遗忘的发展规律是先快后慢。后来的实验研究也证明了这种趋势。因此，学习后及时复习是十分必要的。

五、记忆的品质

人们经常会评价一个人的记忆，那根据什么标准来衡量人记忆的优劣呢？一般来说，可以从敏捷性、持久性、正确性和准备性四个方面来衡量记忆的品质。

1. 记忆的敏捷性

记忆的敏捷性体现记忆速度的快慢，指人在一定时间内能够记住的事物的数量。有人做过这样的实验：让受试者们背诵一首唐诗，有的人重复 5 次就记住了，而有的人却需要重复 26 次才能记住，可见差异还是比较大的。

记忆的敏捷性是记忆的品质之一，但它不是衡量一个人记忆好坏的唯一标准。有的人记得快，忘得也快；有的人记得慢，但忘得也慢。因此，在评价记忆敏捷性时，应与记忆的其他品质相结合。

2. 记忆的持久性

记忆的持久性是指记忆内容在记忆系统中保持时间长短的特征，也就是记忆保持的牢固程度。在记忆持久性方面，不同个体之间也有很大差别，有的人能够把知识经验长时间保留在头脑中，久久不忘；而有的人则十分健忘，记不了多久就忘掉了。

记忆的持久性取决于条件反射的牢固性。条件反射建立得越牢固，记忆就越持久；条件反射建立得越松散，记忆就越短暂。因此，要想提高记忆的持久性，就要经常在适当的时机进行复习，使条件反射不断强化，巩固记忆内容，加深对记忆材料的理解。

3. 记忆的正确性

记忆的正确性是指记忆提取的内容与事物相一致的程度。记忆的正确性是保证人们获得正确知识的重要品质，如果离开了正确性，敏捷性、持久性也就失去了意义。

要想使自己的记忆具有最大程度的正确性，我们可以从条件反射建立的正确性和准确性上努力。在记忆过程中，首先要进行认真、正确的识记，也就是建立尽可能准确、牢固的条件反射；其次，在复习过程中要养成良好的习惯，随时分清自己记忆中哪些是正确、精确的记忆内容，哪些是错误、模糊的记忆内容。对于正确、精确的内容，要不断进行强化和巩固；对错误、模糊的内容，要及时修正再去加强巩固。

4. 记忆的准备性

记忆的准备性是指能够根据自己的需要，从记忆中迅速而准确地提取所需要的信息。在准备性方面，有的人得心应手，能随时提取知识加以应用，有的人则不然。例如，在考试的时候，记忆准备性好的学生能够迅速、正确地从自己记忆的仓库中提取相应的知识，顺利答完试题。而记忆准备性不好的学生则经常出错或答非所问，从而影响考试成绩。记忆的这一品质与大脑皮层神经过程的灵活性有关：由兴奋转入抑制或由抑制转入兴奋都比较容易的，记忆准备性的水平就高；反之，记忆准备性的水平就低。

要想提高记忆的准备性，就要使记忆具有正确性、系统性和持久性。这里特别强调一下系统性。我们把记忆比作仓库，要想在仓库储存的物品中尽快找到我们想要的东西，就要把物品摆放得井井有条。因此，在学习过程中，一定要把掌握的知识系统化，这样在提取的时候才能迅速而准确。

总之，记忆的四种品质是有机联系、缺一不可的，我们不能忽视其中的任何一个方面。在衡量一个人记忆优劣时，必须把四个方面的品质结合起来，这样的评价结果才是全面的、有价值的。

第二节　幼儿记忆的特点和培养方法

一、幼儿记忆的特点

1. 无意记忆为主，有意记忆逐步发展

（1）无意记忆

无意记忆是指没有自觉的记忆目的和任务，不需要特定的记忆方法，也不需要特殊的意志努力的记忆。

无意记忆是幼儿的主要记忆形式。在整个幼儿期，无意记忆占优势，幼儿所获得的知识、经验大都是无意记忆的结果。在记忆过程中，他们不善于有意识地完成成人提出的识记任务，更不会向自己提出识记某种事物的任务。影响幼儿无意记忆的因素既有外部的，又有内部的。外部因素是指记忆材料的性质。直观、形象、具体、鲜明、活动的事物容易引起幼儿的兴趣，像动画片中的角色形象，幼儿就很容易记住。内部因素主要指能满足幼儿个体需要的因素，如刚刚入托的幼儿能在 10 天内记住自己的座位和床位、活动室、厕所等地方，并能记住某教师和小朋友的名字；内部因素还指能激起幼儿强烈情感体验的因素，如动画片中的某些情节。幼儿所获得的知识多半是在游戏和其他活动中“自然而然”地记住的，有的甚至保留终身。

情景再现

一次手工课，教师组织班上的小朋友们进行印染画制作，她为小朋友们准备的材料是面巾纸、水彩和纸杯。活动进行中教师发现，纸杯的底子已经被水彩泡得软软的了，这时教师说："如果下次我们再做的时候，找塑料杯子就不会被泡软了。"没想到第二天入园的时候，班上好多小朋友都带来了一次性塑料杯，教师随口说的一句话却给小朋友们留下了很深的印象。

幼儿记忆的无意性还表现在他们不会运用适当的方法来记住某件事情。幼儿在听有趣的故事时会要求教师反复讲，对爱唱的歌曲会一遍遍地重复唱。他们这样做并不是为了要记住故事的内容和歌词，他们只是为了得到情感上的满足，因为这个故事或这首歌是他们所喜欢的。

（2）有意记忆

有意记忆是指具有自觉的记忆目的，需要一定的记忆方法，需要意志努力的记忆。

有意记忆的萌芽与言语的发展、词汇量的扩大直接相关。随着年龄的增长、言语调节机能的增强和有意记忆的训练，中班、大班幼儿逐步领会了成人向他们提出的各项识记要求，有意记忆有了明显的发展。他们不仅能努力记住和再现需要记忆的内容，还能运用一些最简单的方法来加强记忆。例如，有个实验要求幼儿到"商店"买皮球、牛奶、铅笔、娃娃、糖果五种东西。结果：3、4 岁的幼儿走到"商店"后就认为他的任务完成了，既没有事先有意地记住要"买什么"，到"商店"时也没努力回忆应该做什么事；4、5 岁的幼儿来到"商店"时能迅速地复述要买什么，不过遗忘的也不再设法回忆了；5、6 岁的幼儿接受任务时会要求教师把任务交代得慢一点，而且边听边轻声重复，如果遗忘了就请求成人提示，这是很明显的有意记忆的表现。在幼儿园中，教师经常要求小朋友背诵一些简单的儿歌，到了中大班，要求幼儿复述故事、让他们回忆星期天都做了些什么等，这些都是有利于幼儿有意记忆发展的。

另外，活动的动机对幼儿记忆的有意性和积极性有很大影响。例如，教师在日常生活中对幼儿提的要求，有些幼儿常常记不住，不能严格遵守。而教师在游戏中制定的游戏规则，幼儿一般记得比较清楚。这是因为游戏规则和幼儿自身的运动有关，若记不住、不能严格遵守，则不能继续参加游戏，这就关系到他们的切身利益，在主观上幼儿就会努力去记住。而在日常生活中，幼儿是被动的，因此记忆的积极性不高。

2. 记忆具有明显的形象性

形象记忆是借助具体形象的识记，如幼儿根据直觉形象来记忆、辨认父母的容貌。语词记忆是利用语词进行的间接识记。由于幼儿语言水平较低，在这一时期形象记忆力明显优于语词记忆力。但是，运用语词对记忆对象进行描述、说明能大大提高形象记忆的效果，因此，家长和教师应该注意充分利用直观材料，加强语词的具体说明，使形象和词义在幼儿识记过程中密切结合、相互作用，从而促进记忆的发展，如让幼儿看图识字、看图听故事内容等。

在幼儿的记忆中，形象记忆占主要地位。对于幼儿来说，直观材料要比抽象语词的材料容易识记；而在语词的材料中，形象化的描述又比抽象的概念或推断容易识记。为了让幼儿记得更牢，教师可以准备一些实物、挂图或教具等，让幼儿通过直观的观察、比较来增强记忆。学儿歌的时候，教师可以根据歌词创编一些动作，通过动作的表演加深幼儿的记忆。

在整个幼儿期形象记忆的效果要好于语词记忆的效果，随着年龄增长，幼儿形象记忆和语词记忆的能力都在逐步提高，而且语词记忆的发展速度大于形象记忆。为了培养幼儿的有意记忆能力，可以给幼儿布置有意记忆的任务，如从让幼儿取一件东西或传一句话做起。随着幼儿年龄的增长，布置的识记任务可越来越复杂，如要求幼儿记住游戏规则、复述一个故事或讲出参观见闻等。

针对幼儿的这一记忆特点，还可通过发展幼儿的联想来提高其记忆能力。联想是指在已有的知识基础上，建立与之有关的广泛的联系。幼儿如果联想丰富，就能充分把握事物典型特征，从而提高记忆水平。幼儿在认识世界的过程中，建立与之相关的联想越多，知识经验就会越丰富，所记忆的东西也会越多。例如，教幼儿识“圆”字，可先让幼儿观察圆球、圆盘，并引导他去广泛的联想与圆有关的物体，如月饼、套环、健身圈等，帮助幼儿建立联想来进行识字。又如，让幼儿背诵“锄禾日当午，汗滴禾下土”的诗句时，可让幼儿想象“中午烈日当空的时候，农民伯伯在地里锄草，汗珠纷纷滴落在土地上”的情景，帮助幼儿识记。培养幼儿的联想习惯时，可以收集一些直观生动的材料，将它们分类整理、存放，供幼儿摆弄、体验。

3. 机械记忆多于意义记忆

根据识记时对材料的理解程度不同，可将记忆分为机械记忆和意义记忆。机械记忆是在不了解材料意义的情况下，只根据材料的表现形式，采用简单重复的方法进行的记忆，即所谓的“死记硬背”。意义记忆是根据材料的意义和逻辑关系，运用有关经验进行的识记。

幼儿年龄小，知识经验贫乏，分析、综合和理解能力差，他们对事物的把握往往只停留在一些外部特征和表面联系，靠机械重复和生硬模仿来记忆。例如，有的幼儿会背许多诗或者能够流利地从 1 数到 100 甚至更多，可实际上他们并不理解诗的真正含义或者数字的实际意义，而只是逐字逐句、从头到尾地死记硬背的。小班幼儿在这方面的表现尤为突出。他们在学习儿歌、识记歌词时，往往都是根据儿歌和歌词的音调进行机械的模仿。因此，幼儿教师在教学中要特别注意吐字发音的清楚、准确，一旦发现幼儿错误模仿要及时纠正，以免幼儿坚持错误的识记。正因为幼儿记忆的时候以机械记忆为主，所以他们记得快忘得也快。

虽然幼儿的机械记忆多于意义记忆，但是不能由此认为幼儿只有机械记忆而没有意义记忆，或者认为幼儿机械记忆效果比意义记忆效果还要好。事实上，幼儿在使用机械记忆学习一个材料时，也是在他现有的水平上努力地理解新材料。4 岁以后，幼儿的生活更加丰富，对事物的理解能力也有一定提高，而且语言能力也有很大提高。他们在记忆过程中会对识记材料进行理解性的改造。例如，在复述故事时，他们可以抓住故事的中心或多或少地进行逻辑加工，或省略某些情节，或加进某些情节等。这说明，幼儿开始有意义记忆，而且意义记忆在发展，在记忆中所占的比例逐渐提高。

有研究表明，幼儿对自己理解的材料的记忆，要比对不理解的材料的记忆效果好得多。例如，故事比寓言易记；识记专门为幼儿编写的儿歌比识记唐诗快得多；幼儿容易记住“雪白”“天蓝”“五颜六色”“笔直”“火红”，却不易记住“洁白”“蔚蓝”“五彩缤纷”“挺拔”“红艳艳”。

总之，幼儿虽然运用机械记忆多，但记忆的效果还是意义记忆好一些。进行意义记忆，可以依靠过去的知识经验，这样新材料在头脑中就不是孤立的，而是融于原有的知识经验系统之中。因此，要提高幼儿的记忆能力，不能停留在一味地让幼儿反复背诵上，要帮助幼儿理解识记的对象，尽量使幼儿在理解的基础上进行识记，以提高记忆的效率。例如，教幼儿认识阿拉伯数字“2”，可将字形与“小鸭子”的形象联系起来，建立人为的意义联系，并在此基础上反复练习，加以巩固。

4. 记忆精确性差

幼儿记忆的精确性较差，错误率比较高，而且回忆时会有记忆材料被大量遗漏的现象。例如，在一个实验中，让小、中、大班幼儿都识记一则故事，这则故事可以划分成 35 个意义单位。在即时回忆时，小班幼儿平均只记住 9 个意义单位，中、大班幼儿平均只能记住 19 个意义单位。

情景再现

一位小朋友看到其他小朋友都带了玩具汽车来幼儿园，而他没有。另一位小朋友边玩边问他："你怎么不把汽车带来呢？"他说："我家有漂亮的汽车，红的、黄的、蓝的，我每天让它们排队呢。"其实，他只是在玩具商店看到许多汽车排着队。

明明看见森森在玩小飞机，他也想玩，却遭到了森森的拒绝。于是，明明对森森说："我家有一个更大的飞机，比你的好玩多了，还能在天上飞很长时间呢！"一旁的明明妈妈吓了一跳，心想："我什么时候给他买过会飞的飞机呀！这孩子什么时候学会撒谎了？"

幼儿复述一件事时，常常会遗漏和忘记某些情节。除此之外，由于分辨不清，幼儿有时会不自觉地把不同的事混淆在一起，或者用想象的情节来代替，容易把自己想象出来的事情同很久以前发生的以及自己希望发生的事混淆起来，甚至有时有歪曲事实的现象，这在幼儿讲故事或回忆他们的经历时表现得较为明显。这种现象常被人们误认为是幼儿在说谎，这种看法是不对的。幼儿教师应该正确对待这种现象，千万不能将幼儿记忆不精确造成的问题看作是幼儿的有意说谎。在处理幼儿的问题时，教师要先调查研究，如果幼儿是由于记忆失实而出现言语描述与实际情况不符，就要耐心地帮助幼儿把事实弄清楚，把现实的东西和想象的东西区分开。随着年龄的增长，幼儿的这种情况会有所改变。

知识卡

偶发记忆现象，是指当要求幼儿记住某样东西时，他往往记住的是和这件东西一道出现的其他东西。由于幼儿对课题选择的注意力、目的性不明确，把没必要的偶发记忆课题也记住了，结果使中心记忆课题完成效果不佳。幼儿教师要重视这种幼儿特有的记忆现象，注意引导幼儿朝有意记忆方向努力发展。

二、培养幼儿记忆的方法

记忆是智力的重要组成部分，提高幼儿的记忆会推动幼儿想象、思维等其他智力因素的发展。幼儿时期，记忆发展水平虽低，但幼儿好奇心强、求知欲高，更重要的是幼儿期是记忆策略开始发生并初步发展的时期。此时，幼儿倘若没有掌握有效的记忆策略，到了小学，学习内容的趣味性减少，变得抽象、概括，幼儿就会依赖于死记硬背似的学习。因此，在生活中帮助幼儿掌握记忆策略，提高幼儿的记忆就显得至关重要。

1. 教学内容要具体生动，识记材料要形象而富有趣味性

“哪里没有兴趣，哪里就没有记忆。”歌德的话正好说中了幼儿的记忆特点。幼儿的记忆主要是无意记忆，对能吸引他的、使他感兴趣的和能引起他情感共鸣的，幼儿就容易记住，反之，则较难记住。因此，在教学时给幼儿的记忆材料应该具有直观性、生动性和趣味性。情节生动的儿歌、故事，具体形象、色彩漂亮的图片等，都易吸引幼儿的注意，使他们在轻松愉快的情绪中很快记住。而且由于幼儿在记这些材料时注意力集中，同时还伴随着愉快的情绪体验，所以对这些材料也记得特别深刻、牢固。

另外，在幼儿学习抽象的概念和知识时，教师应以具体的玩教具来协助演示，以一定的形象为载体，加深幼儿对抽象语词、概念的理解，从而提高记忆的效率。例如，学习数的组成、加减法等知识时，由于教学内容比较抽象，单凭教师的语言讲解幼儿是很难理解的，这时，教师可结合教具演示、讲解，用具体形象的教具表现抽象的知识，帮助幼儿理解，如果再加上让幼儿亲自动手操作，他们很快就能掌握知识。又如，音乐课学习歌曲，运用图片或实物等教具向幼儿解释歌词，可以帮助幼儿记住歌曲内容，并达到教学目的。因此，在幼儿教育中，实际的操作、事物的呈现和直接的感知效果要优于单纯的语言描述。

2. 帮助幼儿理解记忆材料，提高意义记忆水平

什么是理解？就是新知识与原有的知识经验“挂上钩”。教师应充分利用幼儿已有的知识经验，帮助他们将所学的新知识与已掌握的旧知识建立联系。在幼儿时期，虽然幼儿的机械记忆多于意义记忆，但意义记忆的效果却比机械记忆的效果好。许多实验和事实证明，幼儿对记忆材料理解得越深，记得就越快，保持的时间就越长。因此，培养提高幼儿的意义记忆能力是非常重要的。在幼儿园的教学活动中，教师应该采用多种多样的方法，尽量帮助幼儿理解所要记忆的材料。例如，在教幼儿背诵古诗时，如果单纯采用重复跟读的方法，不但花费的课时多，而且效果也不理想，同时由于幼儿对某些字、句不理解，背诵时经常会出现错误。如果在教幼儿背诵古诗前，先把诗的内容绘制成漂亮的图画，再用故事的形式向幼儿讲述诗的内容，接着引导幼儿对重点和有难点的字、句进行理解，这样，只用一节课的时间，幼儿就能基本上记住全诗的内容。再如，

当教师告诉幼儿数字“1”像筷子、“2”像鸭子、“3”像耳朵时，幼儿就会将理解和记忆结合起来，自然能记得又快又牢。对于一些不易记住而日常生活中需要记住的内容，可采取归类记忆法。

3. 调动幼儿的多种感官参与记忆过程

为了提高幼儿记忆的效果，可以采用协同记忆的方法，记忆过程中要尽量调动幼儿的多种感官参加，让幼儿在大脑中建立多方面联系，加深其记忆。实验研究表明，如果幼儿把眼、耳、口、鼻、手等多种感官调动起来，可以使大脑神经联系广泛，在大脑皮层留下很多“同一意义”的痕迹，并在大脑皮层的视觉区、听觉区、嗅觉区、运动区、语言区等建立起多通道的联系，大脑在对丰富的信息加工时，获得的知识更全面、清晰，记忆效果更好。因此，在教学中应尽量让幼儿多看一看、摸一摸、闻一闻、尝一尝，从多方面获得感性认识。例如，教小班幼儿认识苹果，可以通过看了解苹果的颜色和形状，通过摸了解苹果果皮的光滑程度，通过闻了解苹果的香味，通过尝了解苹果的口感，最后再组织幼儿画苹果，加深记忆。

心理实验

有这样一个实验：同样教一个故事，当采取教师讲、幼儿听的办法，幼儿只能记住20%～30%的内容，要完全记住故事内容，需要四五节课的时间；若采取教师讲、幼儿听、幼儿还跟着说一说的办法，幼儿能记住30%～50%的内容，有三节课的时间幼儿就能完全记住故事内容；如果采取教师讲，幼儿不但听听、说说，而且同时用手拿活动教具表演的办法，幼儿的记忆内容可达65%～80%，一般只需两节课的时间，幼儿就能较完整地讲述故事。

实验结论

因此，在教学中调动幼儿的各种感官投入记忆活动，可以促使幼儿记得又快又牢。

4. 向幼儿提出明确、具体的记忆任务

不要说幼儿，就是我们自己可能也不记得走过无数遍的楼梯有多少个台阶。但是，如果跟幼儿说：“数数楼梯有多少台阶，星期天好去告诉姥姥。”幼儿准会记牢。又如，给幼儿讲故事，先跟他说：“老师讲个故事，回家你再讲给爸爸妈妈听。”这也能促使幼

儿记好听到的故事。为什么？就是因为明确了任务。记忆的任务、目的明确，可以提高大脑皮层有关区域的兴奋性，形成优势兴奋中心，因而会记得更牢。

有意记忆的发生和发展，是幼儿记忆发展过程中最重要的质变。教师可以在日常生活和各项有组织的活动中经常向幼儿提出具体的任务，提出识记要求，促进幼儿有意记忆的发展。例如，讲故事前，教师可事先跟幼儿说："听完这个故事，小朋友要告诉大家故事里有哪些角色、你喜欢谁、为什么。"这样做的目的是让幼儿不但注意听，而且认真去记。事实证明，如果在识记某一事物前教师向幼儿提出具体的要求，那么就能够调动幼儿的记忆积极性，记忆效果会更好。需要注意的是，在向幼儿提出明确、恰当的记忆要求时，对幼儿完成记忆任务的情况要给予及时的肯定和赞扬，这样会使幼儿更好地进行主动记忆。

5. 合理组织幼儿复习

幼儿记忆的特点是记得快，忘得也快，不易持久。例如，小朋友一堂课上能学会一首儿歌或一个故事，但如果不复习很快就忘了。因此，帮助幼儿进行合理的复习是十分必要的。人们学习后遗忘的速度是先快后慢，遗忘的量是先多后少，教师在平时的教学中要掌握这一规律，帮助幼儿及时复习，开始时的复习次数要多些，每次间隔时间要短些，以后次数可以逐渐减少，间隔时间也可以逐渐延长。同时教师还要注意复习的方法，不宜采用单调、长时间的反复刺激，应该在幼儿情绪稳定时采用多种有趣的方法进行，如讲故事、念儿歌、猜谜语、表演活动、做游戏以及比赛活动、散步与郊游活动和日常生活活动等。这样不但可以使幼儿在轻松愉快的情绪状态下很快地巩固所学的知识与技能，而且可以激发幼儿的记忆兴趣，提高幼儿学习的积极性。

总之，幼儿记忆的培养需要循序渐进，同时，幼儿记忆的培养与幼儿观察力、注意力、思维力、想象力和口语表达能力的培养相互联系、相互促进。只要家长和教师做有心人，积极培养幼儿的记忆，幼儿的记忆就会很快发展到一个新的水平。

思考·练习

一、简答题

1. 日常生活中的记忆现象有哪些？举例说明记忆的种类。
2. 表 4–1 说明了幼儿的形象记忆和语词记忆有哪些特点。

表 4–1　不同年龄段幼儿的形象记忆和语词记忆效果

年龄（岁）	平均再现量		
	物体形象（个）	词语（个）	形象记忆和语词记忆效果比较
3 ~ 4	3.9	1.8	2.1 ∶ 1
4 ~ 5	4.4	3.6	1.2 ∶ 1
5 ~ 6	5.1	4.6	1.1 ∶ 1
6 ~ 7	5.6	4.8	1.1 ∶ 1

3. 幼儿教师应如何培养幼儿的记忆力?

4. 请设计若干个训练幼儿记忆力的游戏。

二、案例分析

1. 小班在参观博物馆之前，张老师给幼儿布置了一个任务：要仔细参观，记住 2 ~ 3 个藏品，回来告诉老师。参观结束后，张老师特地组织了一次集体活动来回顾这次参观。张老师问幼儿：“小朋友们，昨天我们去参观什么地方了?”“博物馆。”张老师又问：“那小朋友们看到了什么东西呀?”小龙马上回答：“我看到了一个黑人，哇，只有牙齿是白的。”张老师急忙纠正：“老师让你们说的是东西，不是人。”小明说：“我看到路上有一辆好大的越野车。”虽然张老师尽量引导，但几乎没有幼儿说出一件展览品的名称。张老师很生气，认为幼儿没有认真完成老师布置的任务，并批评了全班的幼儿。

请你运用记忆的有关理论分析以上案例。

2. 一位教师在班上教小朋友们一首歌，可是费了好大的功夫，还是没有在一节课的时间内教会小朋友们，这位教师感到特别失望。过了几天，当她在照顾小朋友们吃饭的时候，突然听到从图书角传来小朋友的歌声，仔细一听，原来就是前几天她教的那首歌曲。她很惊讶，明明前几天什么都不会，后来也没有怎么复习，小朋友是如何学会的呢? 等到了上音乐课的时候，教师的琴声一响起，幼儿们就都跟着唱了起来。

请你分析一下这是为什么。

第五章 幼儿的想象

学习目标

- 了解想象的概念及分类。
- 理解幼儿想象发展的特点。
- 掌握如何在幼儿园的各种活动中培养幼儿的想象。

第一节 想象概述

一、想象的概念

想象是在人脑中对已有表象进行加工改造而创造新映像的过程。例如，很多人没有去过北极，却能根据别人的口头或文字描述，运用头脑中关于山河湖泊的表象和亲眼见到的大雪冰封的情景，想象出北极风光。又如，《西游记》中的孙悟空是在人脑中对猴头和人身进行加工改造而创造出的新形象。如果人们对于某类事物从来没有感知过，那么在他的头脑中就不可能出现以这类事物作为材料的想象。例如，天生听力有严重障碍的人决不能想象出美妙的音乐，天生视觉有严重障碍的人决不能想象出五彩缤纷、繁花似锦的春天美景。

想象在人们的实践中具有重要意义。创造性的活动，如农民的科学种田，工人的技术革新，文学家、艺术家的创作，科学家的假设，都需要丰富的想象活动参加。不仅如此，就是在学生进行科学文化知识的学习活动中，甚至在儿童的游戏活动中，想象同样必不可少。人们的实践活动不能没有想象的参与，想象越丰富，活动越富有成效。

此外，不恰当的想象也可能导致心理活动的某些失常。例如，由于医生说话不谨慎，使患者想象自己得了某种危险的疾病，结果这种病的症状真的在他身上发展起来，这就是所谓的“医疗致因疾病”。同样，教师不当的教育或不慎的言论也可能给学生带来创伤性的精神影响，使学生感到恐惧，甚至会导致学生精神失常，即“教育致因疾病”。因此，教育工作者必须了解自己的教育对象，审慎地从事教育工作。

二、想象的种类

1. 无意想象和有意想象

按照想象的有意性、目的性不同，可以将想象分为无意想象和有意想象。

（1）无意想象

无意想象是没有预定的目的和意图，在一定的刺激影响下，不由自主地创造新形象的过程。例如，当幼儿看到天上的云，会不由自主地想到各种小动物；让幼儿观察不同的种子，幼儿会发现种子有的像小米粒、有的像橘子瓣。无意想象是最简单和最初级形式的想象。

幼儿的想象通常没有事先预定好的目的，受外界影响较大。幼儿还没有掌握主动想象的技能，想象活动大多是由外界刺激引起的。在日常生活和学习中接触的事物，直接影响幼儿想象活动的内容和形式。具体情境是想象产生的重要因素。

（2）有意想象

有意想象是按照一定的目的，自觉地创造出新形象的过程。凡是对实践活动有作用的想象都属于有意想象。例如，为搭建一座高楼，幼儿想象用什么结构、什么颜色的材料。

在游戏活动以外的其他活动中，幼儿有意想象水平表现得很低。有科学家对此进行了专门研究，并通过实验去证明这种差异是否存在。实验对象为 4 ~ 6 岁的幼儿，实验过程是先让幼儿明白想象内容的非真实性，从而去想象与感知相反的内容。因为这个实验需要一定的意志力才能完成，所以这个实验被称为“定式想象实验”。实验的结果证明：在游戏活动与非游戏活动之中，有意想象的水平确实存在差异。

心理实验

定式想象实验分为4个步骤进行：

首先，要求幼儿根据规则进行15次行为训练，具体做法是：幼儿紧闭双眼，双手手心向下放在桌上，同时想象手中有两个大小不同的球，一手抓大球，一手抓小球，比较两者的大小。经过训练，幼儿就会形成两个球大小不同的定式。然后，让幼儿仍在闭眼的情况下握着两个大小相同的球，比较两者的大小。由于定式形成在先，幼儿一直想象着两个球的大小不同，这就会影响感知的实际效果，容易形成错误的认识——仍然认为两个球大小是不同的。实验以幼儿不能正确感知的次数作为衡量定式稳定程度的指标。

其次，进行与上述活动相似的步骤。这次让幼儿闭眼想象手中提着轻重不同的两个铁锤，反复比较15次，然后让幼儿闭眼，根据想象去感知、比较大小相同的两个铁锤。如果形成了定式，则把错误感知的次数作为衡量定式的指标。

再次，进行与第一步内容相反的活动。在幼儿闭眼的情况下，把两个大小相同的球放在幼儿手上，当幼儿确认两个球大小相同后，让幼儿想象两个球大小不同，活动进行15次。通过这项活动检测幼儿的想象定式。

最后，让幼儿闭上双眼，双手提重量相同的铁锤。当幼儿确认铁锤重量相同后，让幼儿想象双手所提的铁锤重量不同。活动进行15次。与第二个活动不同之处在于：实际感知同样重量的同时，想象所提的铁锤重量不同。

实验结论

实验证明，不能形成想象定式的幼儿数量随年龄的增长而减少，能够形成想象定式的幼儿数量随年龄的增长而增加。

2. 再造想象和创造想象

按照想象的创造性、独立性程度不同，可以将想象分为再造想象和创造想象。

（1）再造想象

再造想象是根据语言的描述或图样、图纸、符号等示意，在大脑中再造出相应的新形象的过程。例如，建筑师根据建筑图纸可以想象出建筑物的形象；成人可以根据小说中对主人公的描述，在头脑中再造出他们的形象。

幼儿的再造想象从内容上可分为五类：

1）经验性想象。经验性想象是指幼儿凭借个人生活经验和生活经历展开的想象活动。例如，中班的丁丁对冬天的想象是：小朋友穿着厚厚的棉袄，戴着帽子、围巾和手套，在雪地里堆雪人、打雪仗。

2）情境性想象。情境性想象是指幼儿的想象活动由画面的整个情境引起。例如，中班的丫丫对“过年”的想象是：坐在圆桌前，妈妈、奶奶包饺子给全家人吃。

3）愿望性想象。愿望性想象在想象中表露出个人的愿望。例如，大班幼儿亮亮说：“爸爸，我长大以后也想和你一样，当一名警察。”

4）拟人化想象。拟人化想象把客观事物想象成人，用人的生活、思想、情感、语言等去描述客观事物。例如，丫丫看见路边的一只小花猫看着她，转过头对妈妈说：“小猫想和我做好朋友呢。”

5）夸张性想象。幼儿常常喜欢夸大事物的某些特征和情节。例如，幼儿在画《白雪公主》中的小矮人时会比正常人矮小很多，这就是夸张性想象的表现。

再造想象在工作、学习、劳动中有重要意义。通过再造想象，人能更完整、准确地体会别人的经验、理解别人的处境。所谓的“换位思考”就是再造想象，如有时需要学生站到教师的角度去考虑问题，需要幼儿站到家长的角度去考虑问题。在再造想象过程中，人们所想象的事物大多是未曾感知过的，所以再造想象所产生的形象对他个人而言就是“新”的。

此外，再造想象在人的认识活动中也有着重要意义。凭借再造想象，人们可以超越个人狭隘的经验范围和时空的限制，获得自己不曾感知或无法感知的有关事物的形象。例如，大多数人未曾到过南极，也未曾攀登过珠穆朗玛峰，但人们可以根据相关描述和报道，凭借再造想象对情景加以体验；我们无法使历史倒转以体验古人的生活，但可以通过阅读历史的记载去想象古人的生活。

（2）创造想象

创造想象是指根据一定的目的和任务，不依赖现存的描述而独立创造出新形象的过程，如科学家的创造发明、文学家的人物塑造等。创造想象比再造想象更复杂、更困难。

创造想象具有独立性、新颖性、创造性。创造想象是幼儿高级心理活动开始出现的重要标志，对幼儿的发展意义重大。创造想象在很大程度上影响着成功智力（用以达到人生主要目标的智力）。

创造想象和再造想象的区别在于：同样是“造”，再造想象出来的形象是现实生活中已有的事物，是描述者知道而想象者不知的事物；创造想象出来的形象是所有人都不知的，甚至现实生活中不可能存在的事物。例如，格林兄弟所创作的白雪公主和七个小矮人的形象，是一些具有独特性的新形象，比幼儿在听故事时经过教师的描述在头脑中再造的这些人物形象要难得多。两种想象之间的联系表现在：创造想象是在再造想象的基础上形成的，创造想象有再造想象的因素。再造想象贫乏的人不可能拥有丰富的创造想象。因此，要培养人的创造力，首先要培养人的再造想象。

三、幼儿想象的主要特点

想象的发生与幼儿大脑皮层的成熟有关。想象的生理基础是把大脑皮质上已经形成的暂时联系进行新的结合。幼儿 2 岁左右大脑神经系统趋于成熟，这使得幼儿在头脑中可能会储存较多的信息材料。所以，想象在幼儿 1 ~ 2 岁开始萌芽，主要通过动作和语言表现出来。例如，幼儿将凳子当作火车、汽车，边“开车”，嘴里边“呜呜……嘀嘀……”说个不停，非常投入地扮演司机的角色。

要培养幼儿的想象力，首先应当了解幼儿想象的特点，然后才能根据其特点因势利导，有的放矢地加以培养。幼儿想象主要有以下三方面的特点：

1. 无意想象占主导地位，有意想象逐渐发展

幼儿的想象主要是无意想象。幼儿想象的无意性主要表现在以下几个方面：

（1）幼儿的想象事先常常没有什么目的，往往由外界刺激直接引起，并随外界刺激的变化而变化。例如，幼儿在游戏时，看见水果模型就可能想到在家吃水果，看见玩具手枪可能就会想到自己拿着手枪是个警察。

（2）幼儿想象的主题不稳定，常常受兴趣和情绪影响。例如，幼儿看见教具，可能就会想到自己是教师在讲课。幼儿在绘画时，看见别的幼儿在画小鱼，就放弃原来要画机器人的想法，也去画小鱼，甚至自己的机器人已经快画完了也无所谓。幼儿情绪高涨时，想象活跃，会不断出现新的想象结果。兴趣也会影响幼儿的想象。幼儿对于感兴趣的内容就会长时间去想象，专注于这个活动；反之，在活动中表现为保持时间很短。因此，幼儿想象过程的方向、结果及丰富程度受其情绪和兴趣的影响较大。

（3）幼儿想象的内容零散、无系统性。由于幼儿想象没有预定的目的，主题也不稳定，所以他们想象的内容缺乏内在联系。例如，幼儿在绘画时，会在一幅画上画出各种他觉得有趣的事物，甚至把这些毫无关联的事物编成一个故事。

（4）幼儿以想象的过程为满足。例如，幼儿在听成人讲故事时，总是要求成人一遍一遍地讲故事，讲了多次的故事也听得津津有味。幼儿就是在听的过程中进行想象，得到满足。幼儿年龄越小，想象的目的越不明确，也就越以想象过程为满足。

学前中、晚期，在教育的影响下，随着幼儿语言的发展、经验的丰富，幼儿想象的有意性逐渐发展。中班幼儿的想象已有初步的目的性。大班幼儿想象的目的性更强，他们在进行想象活动之前基本都能有一个明确的预定主题，并能根据预定的主题有意地、稳定地进行想象。

知识卡

19世纪法国著名作家凡尔纳在他的《月球探险记》一书中曾设想“人们坐着炮弹飞上月亮”，他的想象现在已成为现实。人们为了纪念他，在月球上把一个特殊地区命名为“凡尔纳”。

他还写过科幻小说《海底两万里》，书中设想一种像鲸的潜水船——“鹦鹉螺号”。后来，美国的西门·雷诺因受到“鹦鹉螺号”的启发，经过多年的努力，发明了世界上第一艘潜水艇。

2. 再造想象占主导地位，创造想象开始发展

儿童在婴儿期只有再造想象，在幼儿期仍以再造想象为主。在再造想象发展的过程中，幼儿想象的创造性逐渐增长，慢慢地出现创造想象。例如，3、4岁的幼儿抱着娃娃时，可能完全不进行想象，只是静静地坐着。当教师说：“娃娃要睡觉，你们抱娃娃睡觉吧。”或者“哟，你的娃娃发烧了，带她上医院看看吧。”这时幼儿的想象才活跃起来，但几乎就是教师语言的再现。在幼儿图画课中，常常可以看到许多幼儿画的画基本上就是教师以前所教内容的再现，记忆成分大，创造成分极少。到了中班，幼儿的想象开始有一些创造性，如在游戏中不再单纯重复教师提出的主题，而是通过自己的构思来做些补充，在看图讲述时加入一些图上没有的情节。到大班，幼儿想象的创造性比较显

著地表现出来，他们开始能够独立地把过去经验中的各种表象加以综合、改造，创造出具有一定新颖性的形象。

3. 想象的内容由贫乏、零碎逐渐向丰富、完整发展

进入幼儿期，幼儿的想象内容较之婴儿期有很大的丰富，但从发展上来说还是很贫乏的。他们用以想象的形象，基本就是日常生活中和他们最接近的事物，如爸爸、妈妈、汽车、火车、娃娃、小猫、小狗等，数目很少，而且形象比较零碎、不完整，彼此也缺乏联系。到 5、6 岁时，随着知识经验的积累，幼儿想象内容逐渐丰富。这表现在幼儿不但能更细致、具体地反映他最接近的事物，而且能展开幻想的"翅膀"。例如，他们想和天上的星星打电话，要和海底的鱼儿交朋友。游戏、画画时，他们也能逐渐考虑各角色、形象的完整性及各形象之间的相互关系，能把有关形象及形象的主要特征联系起来，想象内容逐渐变得比较丰富、完整和系统。

四、幼儿想象发展中易出现的问题

1. 夸大事物的某个特征或某个部分

幼儿画画时，常把印象深刻的地方画得特别大，如妈妈的高跟鞋、爸爸的领带、放风筝的手、人的头部等。幼儿还喜欢听夸张的故事，自己讲述故事也有夸张的成分。幼儿想象夸张的原因主要有以下几个方面：

（1）认知水平的限制

由于幼儿思维发展水平的限制，使得幼儿不能恰当地把握事物的本质，想象与真实相混淆。

（2）情绪对想象的影响

幼儿的想象具有一定的逻辑和现实成分，但是又常常表现为夸张形式。幼儿的情绪对幼儿的想象会产生一定的影响，幼儿喜欢的或是不喜欢的都会引起他想象的夸张。

（3）想象表现能力的局限

由于幼儿言语发展不足，使得他不能借助语言表达想象的内容，这也是造成幼儿想象夸张的原因。例如，3、4 岁的幼儿在绘画的时候，也许头脑中有丰富的想象，并且能明确地说出自己想画什么，但实际创作的时候却发现自己不能表现出所想的内容，或者表现得不像，于是他就改口说自己画的是其他东西。

2. 混淆真实与假想

（1）幼儿常常把自己渴望得到的东西说成已经得到。例如，幼儿看到其他小朋友拿

着一个新的玩具汽车时，他就会夸张地说："我爸爸给我买了个更大的警车！"而且边说还边用手比画。可事实并不是如此。

（2）幼儿常常把希望发生的事情当成已经发生的事情来描述。例如，当幼儿听到小伙伴津津有味地讲述自己去游乐场玩耍时，他非常羡慕，同时想象着游乐场有多好玩，就会说："我妈妈也带我去了。"这并非说谎，而是幼儿将想象与现实混淆。

（3）幼儿在参加游戏或欣赏文艺作品时，往往身临其境，把自己当作其中的角色，产生同样的情绪反应。例如，幼儿在观看儿童剧《小红帽》时，看见小红帽要被大灰狼吃掉了，急得哭起来，边哭边喊："打死大灰狼！"

因此，成人要特别注意，不能简单地把幼儿谈话中不符合事实的部分归为幼儿说谎。假如幼儿出现想象的混淆，成人应耐心地帮助幼儿，引导他们分清哪部分是现实、哪部分是想象，从而促进幼儿想象的发展。

第二节　幼儿想象的培养

一、想象在幼儿心理发展中的作用

1. 想象在幼儿学习中的作用

想象是人认识客观事物所必需的认知基础。人们在认识客观事物的过程中，可以通过直接感知获得对事物的认识，但不可能事事都去亲自实践，因此就有必要通过他人的描述间接地获得对客观事物的认识。人们在获取间接认识的过程中，没有想象是无法构建出新形象、新知识的。想象在幼儿学习活动中，帮助幼儿掌握抽象的概念，理解较为复杂的知识，创造性地完成学习任务。

2. 想象在幼儿游戏中的作用

幼儿的主导活动是游戏，在游戏中幼儿的想象起着极为重要的作用。想象在游戏中的重要作用突出表现为想象是象征性游戏的首要心理成分。如果没有想象，就不可能进行任何游戏活动，游戏正是幼儿不断靠想象变换着物体的功能才得以顺利进行的。

3. 想象在幼儿创造力发展中的作用

人的创造力主要表现在一个人的创造思维。创造思维一般可以分为三个方面：直觉、灵感和想象。而想象是创造思维的主要组成部分。对于幼儿来说，创造思维的核心就是想象。丰富的想象是幼儿创造思维的表现，如幼儿画“月亮上荡秋千”就充满了丰富的想象。

情景再现

在学习故事《小鼹鼠要回家》时，教师问幼儿：“小鼹鼠克拉在外面蹦蹦跳跳地玩，突然发现自己迷路了，它该怎么办呢？”

教师通过诱导启发式的提问开拓幼儿的想象，幼儿争先恐后地为小鼹鼠想办法，有的说：“小鼹鼠可以找警察叔叔啊！”有的说：“小鼹鼠可以拨打110啊！”有的则说：“乘坐出租车吧。”还有的说：“雷锋叔叔就爱送迷路的小朋友回家。”幼儿们各抒己见，展开了丰富的想象。

二、幼儿想象的培养方法

爱因斯坦认为，想象力比知识更重要，因为知识是有限的，而想象才概括着世界上的一切，推动着进步，并且是知识进步的源泉。那么，家长和教师应如何培养幼儿的想象呢？

1. 语言教育活动中培养幼儿的想象

语言教育活动是培养幼儿想象的一个比较重要的途径。教师可以采用“续编故事”的方式，即教师把故事的前半部分讲给幼儿听，让幼儿去编故事的结尾，幼儿展开想象畅所欲言，讨论这个故事有几种结局。教师还可以通过让幼儿续编儿歌来培养幼儿的想象。例如，以《小动物的家》为题编一首儿歌，教师先示范：“蓝蓝的天空是小鸟的家”，幼儿续编：“弯弯的小河是小鱼的家，青青的草地是小羊的家……”除此以外，教师还可以通过“接龙”的游戏来发挥幼儿的想象，如高—高山—山林—林海—海浪—浪潮—潮湿—湿润—润滑—滑冰—冰冷等。教师也可以通过一问一答的方式来发挥幼儿的想象。例如：

教师问：谁的嘴巴扁？幼儿答：鸭子的嘴巴扁。

教师问：谁的嘴巴尖？幼儿答：小鸡的嘴巴尖。

教师问：谁的尾巴弯？幼儿答：公鸡的尾巴弯。

教师问：谁的尾巴像把伞？幼儿答：松鼠的尾巴像把伞。

户外游戏时请幼儿观察幼儿园中的各种玩具，让幼儿说出玩具的名称及自己最喜欢的玩具，并引导幼儿说出喜欢它们的原因。例如，一个小朋友说：“我喜欢玩轮胎，轮胎跑起来很快。”另一个小朋友说：“我喜欢鳄鱼玩具，它是我的大马。”这样，幼儿们在愉快的游戏中大脑思维活跃、想象力丰富，个个争先恐后地向教师讲述自己心爱的玩具以及自己的创新玩法。

2. 艺术教育活动中发挥幼儿的想象

（1）通过绘画激发幼儿的想象

教师在绘画活动中可尝试提出疑问，让幼儿改变思路，教师要肯定幼儿的想象，以避免幼儿形成僵化、固定不变的思维模式。例如，中班《太阳》绘画活动中，教师可提出疑问“太阳都是红色的吗？”让幼儿知道太阳光有七种颜色。当幼儿选用了不同的颜色画出了不同的太阳时，教师要及时给予肯定。教师还可以提出疑问“太阳一直是圆圆的脸吗？”幼儿就会对太阳的外形进行装饰，圆脸、长脸、三角脸、梯形脸、花型脸，等等，如图 5–1 和图 5–2 所示。教师通过提问，让幼儿展开了丰富的想象，幼儿画出了夸张的、与众不同的物象。教师肯定幼儿的想象，幼儿想象随后会更加夸张。所以，在绘画活动中教师应多提问并多肯定幼儿，引导他们将现实的物象任意夸张、错位、变形、组合、打乱、改动，从而激发幼儿的想象意识。幼儿的想象潜力是巨大的，他们天真的童趣、独特的想法往往给成人新的启发。

图 5–1　淘气的太阳

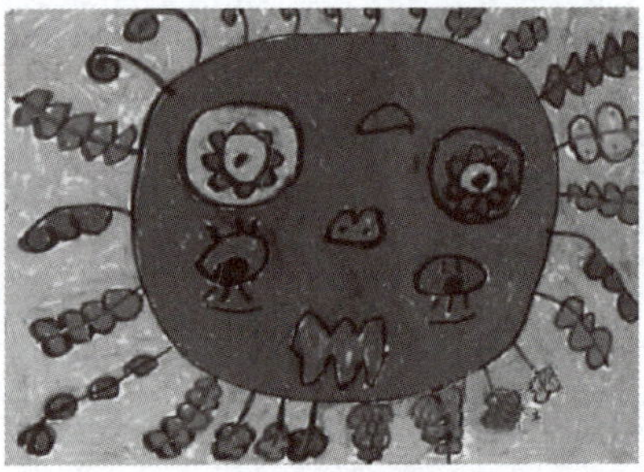

图 5–2　太阳公主

（2）通过手工活动发挥幼儿的想象

幼儿很喜欢玩橡皮泥，在泥工活动中，幼儿运用揉、搓、团圆、压扁等技巧塑造自己喜欢的物体，在玩泥过程中增强了同伴间的互动交流与合作，最大限度地发挥了幼儿的想象力和创造力。例如，在泥工课《小猴过生日》中，教师先引导幼儿讨论：怎样让小猴过一个愉快的生日？有的幼儿说为小猴准备许多好吃的东西，有的幼儿说请许多动物陪小猴玩。接着，幼儿为小猴制作了各式各样的生日蛋糕；有的幼儿为小猴制作了各种各样的蔬菜；有的幼儿为小猴制作了香蕉、桃、苹果、橘子、草莓、石榴、柿子等多种水果；有的幼儿为小猴制作了许多可爱的小伙伴，如恐龙、鳄鱼、松鼠、刺猬、熊猫、乌贼等；还有的幼儿为小猴制作了沙发、餐桌和碗，并布置了一个美丽的餐厅。另外，在纸工活动中，幼儿可按自己的意愿在纸杯上贴不同颜色、不同质地的材料，制作出喜欢的小玩偶（见图 5-3）；还可以让幼儿根据各种水果的自然形状来制作自己喜欢的玩具（见图 5-4）。

图 5-3　幼儿自己设计的玩偶

图 5-4　幼儿自己装扮的水果宝宝

（3）通过音乐活动发挥幼儿的想象

音乐能陶冶情操、调节情绪，特别是节奏明快的音乐能使人精神振奋，通过音乐活动来发挥幼儿的想象尤为重要。

在音乐活动中，可以通过创编歌词来发挥幼儿的想象。例如，教师示范唱“小白兔，跳跳跳，跳呀跳呀跳”，幼儿创编“小金鱼，游游游，游呀游呀游”，教师又唱“小公鸡，喔喔喔，喔呀喔喔叫”，幼儿创编“小黄鸭，嘎嘎嘎，嘎呀嘎嘎叫；小花猫，喵喵喵，喵呀喵喵叫”。

在音乐活动中，还可以通过集体创编歌曲来发挥幼儿的想象。例如，教师在大班上音乐欣赏课《小星星变奏曲》时提问：“这首乐曲一共有几个变奏？是怎样变奏的？”然后教幼儿唱主旋律：11 ｜ 55 ｜ 66 ｜ 5 — ｜ 44 ｜ 33 ｜ 22 ｜ 1 — ｜ 55 ｜ 44 ｜ 33 ｜ 2 — ｜ 55 ｜ 44 ｜ 33 ｜ 2 — ｜ 11 ｜ 55 ｜ 66 ｜ 5 — ｜ 44 ｜ 33 ｜ 22 ｜ 1 — ｜。通过反复欣赏，幼儿在教师的引导下说出了《小星星变奏曲》有两种变奏：一种是改变旋律的变奏，另一种是改变节奏的变奏。在第三课时时，幼儿开始学作曲，聪聪唱道：“11 ｜ 55 ｜ 6 — ｜ 5 — ｜ 44 ｜ 3 — ｜ 22 ｜ 1 — ｜。”晨晨唱道：“111 ｜ 555 ｜ 666 ｜ 555 ｜ 444 ｜ 333 ｜ 222 ｜ 1—— ｜。”幼儿大胆的想象和创造得到了教师的肯定。教师评价：“聪聪编的曲子没改变节奏，但改变了旋律。晨晨编的曲子没改变旋律，但改变了节奏——由两拍子变成了三拍子。两者都有创新！”

3. 科学教育活动中启发幼儿的想象

著名儿童教育家陈鹤琴先生认为“大自然、大社会是我们的活教材”。他主张让幼儿“多到大自然中去直接学习，获取直接的体验”。例如，带幼儿参观游览当地名胜古迹、公园、动物园、博物馆、纪念地，并讲述与之有关的传说、故事、人物等；或者让大自然启发幼儿的想象。

教师应经常带幼儿走出活动室，看看美丽的花朵、摸摸大树、观察小动物等，激发幼儿的兴趣，让幼儿展开想象。例如，大班画《一片森林》的时候，教师请幼儿到户外观察各种各样的树木，然后请幼儿自由讲述他们看到了一些什么样的树，这些树有怎样的树干、怎样的树叶、怎样的树枝，通过回忆再现观察的物体。随后教师通过图片、幻灯片、录像等多媒体手段总结归纳，并与几何图形、夸张变形等相联系，使幼儿了解到各式各样的树木之间的相同点和不同点。最后，教师鼓励幼儿按自己的想象创造一幅关于树林的作品。当然，动物园里机灵的猴子、威猛的狮子、美丽的孔雀等也都是活教材。在大自然中幼儿主动探索知识、积极参与活动，可见大自然不仅丰富了幼儿的知识和经验，还促进了他们智慧发展，丰富了幼儿的精神世界。

除此之外，幼儿健康教育活动和幼儿社会教育活动中也经常会涉及想象的培养。因此，各个领域的教学及日常活动中都要注意想象的培养。

思考·练习

一、简答题

1. 在想象方面，幼儿与成人有哪些不同？

2. 如何在健康教育活动中培养幼儿的想象？

二、案例分析

4岁的弯弯说要画一只小鸟，可她在纸上画了两个圆形后又说，这是一只小熊，接着在纸的空白处画了许多玩具、糖果，嘴里不停地说着：“吃吧，吃吧！”这些玩具和糖果画得比圆还大，画完后，她一本正经地告诉小伙伴：“我有一只小熊，他可能吃了，他能吃掉楼那么高的大蛋糕。”

请从这一案例中分析幼儿想象的特点。

第六章
幼儿的思维

学习目标

- ◆ 了解思维的概念和特征。
- ◆ 理解幼儿思维发展的主要特征。
- ◆ 理解幼儿创造性思维的特征。
- ◆ 掌握幼儿创造性思维的培养方法。

第一节 思维概述

一、思维的概念

思维是人脑对客观现实概括的和间接的反映，它反映的是事物的本质和事物间规律性的联系。感知觉所反映的是事物的个别属性、个别事物及其外部的特征和联系，属于感性认识；而思维所反映的是一类事物共同的、本质的属性和事物间内在的、必然的联系，属于理性认识。

情景再现

小明下午放学回到家，一进门，闻到厨房里飘出的饭菜香味，就知道妈妈已经回家并把饭做好了。

上述情景再现中，小明并没有看到妈妈，也没有看到她做饭，只是运用头脑里已经有的知识经验（家里总是由妈妈做饭），对直接输入的感觉信息（饭菜香味）进行了加工、处理，提出假设，检验假设，做出推理和判断。这个过程就是思维。

二、思维的产生

人的思维是什么时候产生的呢？心理学家毕勒对10个月的婴儿做了一个实验，用线拴住饼干，让婴儿的手触到线但摸不到饼干，结果发现婴儿能慢慢拉线把饼干拿到手。但更小的婴儿却不会。这表明，10个月的婴儿开始能通过直接的感知、动作来思考解决问题，这种思维叫作直觉行动思维。婴儿只有在直接感觉具体事物和通过尝试动作的过程中才能进行思维，停止直接行动，思维活动也就停止了。直觉行动思维是人类最低级的思维方式。

还有人做过这样一个实验：请一个2岁的幼儿把放在桌子中央的玩具拿下来，幼儿没有任何“想”的表现，而是马上去“拿”。他伸长胳膊、踮起脚尖，拿不到；偶尔扯动桌布，桌子上的玩具移动了一点，幼儿马上用力拉，玩具就到了手边，如图6–1所示。幼儿最早的思维就是这样依靠动作进行的。

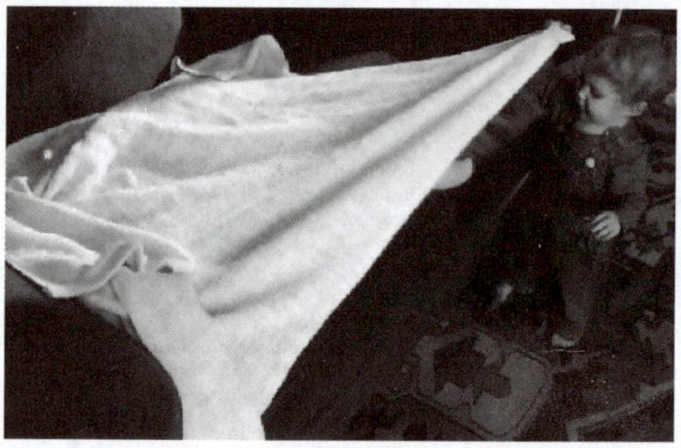

图6–1　幼儿扯动桌布“拿”玩具

三、思维的特征

1. 概括性

思维的概括性是指建立事物之间的联系，把有相同性质的事物抽取出来，对其加以概括，并得出结论。例如，自然界中存在各种各样的鸟，它们在大小、形态、生活习性、叫声、颜色、会飞不会飞等方面都有着很大的差异，但我们总能找出鸟的共同本质特征。于是，我们给鸟下了这样一个定义：“鸟是有羽毛、会下蛋的动物。”这就是通过概括得出的。

2. 间接性

思维的间接性是指以已有的知识经验与其他事物为媒介，通过迂回曲折的认识路线，了解事物之间联系的思维过程。例如，医生通过病人的舌头、体温、脉搏、血压、脸色等，便可了解病人身体内部脏器的活动状态。思维的间接性使人的认知能力突破了时空的限制，从对具体的一事一物的认知的局限性中摆脱出来。

概括性和间接性是思维的两大基本特征，这两大特征关系密切。思维的概括性是其间接性的前提。也就是说，人们在进行间接认识或推导、推理时，必须运用已概括出的知识经验，去判断、推论没有直接感知的事物。一般来说，概括的知识、经验越多，间接的推导认识水平也越高。

四、幼儿思维发展的主要特征

要学习幼儿思维的发展，就要先了解思维的形式。人的思维发展过程大致要经历三个阶段——直觉行动思维阶段、具体形象思维阶段和抽象逻辑思维阶段。

幼儿期，由于幼儿活动范围的扩大，知识、经验的不断丰富和言语能力的发展，幼儿的思维已经有了很大的发展。但各个年龄阶段幼儿思维具有不同的特征，主要表现在以下几个方面：

1. 幼儿前期思维的特征

幼儿前期的思维以直觉行动思维为主，但开始出现具体形象思维的形式。直觉行动思维，也叫直观行动思维，是指依靠对事物的感知、依靠人的动作来进行的思维。

例如，幼儿在玩积木时，搭出了美观的房子，还自夸："多漂亮的小房子啊！"当搭出小汽车时，他就会问："你愿不愿意坐我的车呢？"此时幼儿陶醉在"自制"的直觉行动思维世界里。但丢开积木，结束玩积木的动作而玩其他玩具时，"建房子""开汽车"的思维活动也就随之让位给其他的思维活动了。正因为幼儿的直觉行动思维占优势，所以经常看到：当成人教幼儿什么是"1"或"1+2 等于几"的时候，幼儿必须扳着手指头或拿着实际物品来理解。另外，该时期的幼儿还具有思维以自我为中心的特点，瑞士儿童心理学家皮亚杰的"三山实验"就证明了这一点。

心理实验

瑞士儿童心理学家皮亚杰设计了著名的"三山实验"。他在桌上放置三座山的模型，三座山在高低、大小、位置上有明显差异。实验时，先让一个 3 岁的幼儿坐在一边，然后将一个布偶娃娃放置在他的对面，如图 6-2 所示。实验者问幼儿两个问题：“你看到的三座山是什么样子？布娃娃看见的三座山是什么样子？”结果发现，3 岁幼儿的两题答案是一样的，即只会以自身视角去看三山关系（大山后面两座小山），不会设身处地从布娃娃的角度去看（两座小山后有座大山）。

图 6-2　三山实验

实验结论

三山实验说明，这种“自我中心”的视角是幼儿思维的典型特征。

2. 幼儿中期思维的特征

随着幼儿生活经验的不断积累，幼儿头脑中的表象逐渐丰富起来，幼儿的思维逐渐从直接的感知和行动的束缚中解放出来，开始可以凭借具体事物的鲜明的形象或表象进行思维活动。因此，具体形象思维又称表象思维，是指依靠事物的形象和表象进行的思维。它是整个幼儿期思维发展的主要形式。

具体形象思维具有如下特征：

（1）具体形象性

幼儿的思维主要依赖事物的具体形象或表象以及它们之间的关系来进行。

（2）具有进行初步抽象概括的可能性

中班幼儿能逐渐认识事物的属性，开始根据事物的本质特征进行思维。但是，他们掌握的概念往往只与具体的对象联系在一起，与物体的感知特点和感知具体情景密切联系，还不能反映该类对象的一般特征。

由于表象功能的发展，幼儿思维逐渐从动作中解脱出来，从直接感知的客体中转移出来，从而比直觉行动思维有更大的概括性和灵活性。

3. 幼儿后期思维的特征

到了幼儿后期，幼儿的思维仍以具体形象思维为主，但开始出现抽象逻辑思维的萌芽。抽象逻辑思维反映的是事物的本质特征，是运用概念、通过判断和推理来进行的思维。同时，它也是依靠语言进行的思维，是人类所特有的思维方式。例如，在体积守恒实验中，幼儿往往根据看到的某些现象来判断橡皮泥和水的体积。大部分幼儿看到橡皮泥和水的形状变了，就认为它的体积也变了。但实验中也发现，大班某些幼儿已经能摆脱形象的干扰，做出正确的判断，但说不出更多的道理，只知道："还是原来那块橡皮泥。""这还是那杯水。"还有的幼儿会说："这块小了，但厚了。""这杯子的水高了，但杯子细了。"可以看出，幼儿晚期开始出现抽象逻辑思维，但只是萌芽而已。

综上所述，幼儿期的思维主要处于具体形象思维的水平。在整个幼儿期内，幼儿思维在不断发展变化着，体现了从直接行动思维向具体形象思维和抽象逻辑思维发展的趋势。

第二节　幼儿创造性思维的培养

一、创造性思维的概念

创造性思维是人们创造性地解决问题与发明创造过程中特有的思维活动，是一切具有崭新内容的思维形式的综合，能够产生前所未有的思维成果。

创造性思维常常表现为不受传统观念束缚，能够迅速发现事物与事物之间、现象和本质之间的联系，乐于追根寻源和检验论证，并且善于联想、富于想象和长于类比，充满好奇，兴趣广泛而且目标集中，常常把探索的目光投向未来。

二、创造性思维培养的重要性

人们一般认为，智力是指一个人的认识能力，包括观察力、记忆力、注意力、想象力、思维能力以及语言表达能力，其中思维能力是核心。

在日常生活中，每当遇到问题，幼儿往往会说"让我想一想"或"让我想一下"。这里的"想一想""想一下"就是思维。思维是在感觉、知觉、记忆等过程的基础上产生的，但又比这些过程更复杂。通过思维，人可以认识感知所不能直接反映的事物，能透过现象抓住事物的本质，掌握事物与事物间的规律性联系，同时可以由一事物理解另一事物，间接地预见和推知事物的发展，指导人们的实践活动。思维大大地扩展了人们对事物认识的广度和深度。所以说，思维是高级的认识过程，是智力的核心。

创新必须从娃娃抓起，幼儿教育改革的目标更需要定位于"培养创新精神和创新人才"。因此，家长和教师必须十分重视对幼儿思维能力的培养，及早对幼儿进行适宜的思维早期教育和训练。幼儿思维能力的培养，尤其是创造性思维的培养，应该是幼儿早期教育和早期智力开发的核心。

三、幼儿创造性思维的特征

有关研究表明，幼儿的创造性思维活动与科学家的创造性思维活动有着本质的区别。科学家的创造是探究人类的未知，去发现和发明世界上未知的东西及规律。而幼儿的创造主要是学习人类的已知知识。培养幼儿良好的创造性思维是为幼儿的将来打好基础。从这个意义上讲，幼儿只要不是模仿抄袭别人的方法，而是动用自己已有的知识和生活经验，经过独立思考，在教师和家长讲解的基础上用新颖独特的方法去解决问题，只要发现不同于教科书、不同于成人标准答案，具有发散思维和求异思维的特点，就是创造。

从思维的本质看，幼儿的创造性思维具有非单一性、非僵化性和非习惯性的特点，具体表现如下：

1. 流畅性

幼儿的思维能迅速地沿着某个方向扩散，心智活动少阻滞，反应迅速而众多，具有产生许多符合某些要求的解决方案的能力。例如，教师在幼儿语言课上组织"词语开花"的游戏，幼儿围绕一个"花"字，用接龙的形式说出不同的词，如图 6-3 所示。这个游戏可以提高幼儿思维的流畅性，锻炼幼儿创造性思维的能力。

2. 变通性

幼儿能灵活地使思维从某一方面跳到另一方面，能举一反三、触类旁通，具有迅速、及时变换对某一问题的研究角度的能力。例如，幼儿玩"你变我也变"的游戏，在游戏中幼儿思维的求异性、变通性得到了充分的展现，"要是你变成白云，我就变成蓝天；要是你变成小鸡，我就变成老鹰；……"

图 6-3 “词语开花”游戏

3. 独特性

独特性也叫新异性，指幼儿能形成与众不同的独特见解，提出新的观点、设想或方案。广为流传的“曹冲称象”“司马光砸缸”的故事也正说明曹冲和司马光能够不受习惯性思维的影响，创新思维，用独特的方法解决了常人解决不了的问题。

四、幼儿创造性思维的培养方法

情景再现

一天排队做操时，幼儿发现操场上有个阴沟洞。“老师，那个洞洞里面是什么？”一向敏感的伟伟大声地问。“大概是臭水吧！”教师不假思索地回答。回来时，伟伟和几个幼儿不见了。过了一会儿，他们跑回来兴奋地告诉教师：“那个洞洞里面没有臭水，是个开关。我们看见门房爷爷打开洞里的开关，喷泉就冒水了！”教师批评他们：“谁叫你们乱跑的？以后没有老师的同意不准乱跑。”

在这个情景再现中，教师的做法不利于培养幼儿创造性思维，教师应该肯定幼儿的发现，他们弄清了一个教师没弄清的问题。培养幼儿的创造性思维，应尤其注意以下几方面。

1. 丰富幼儿的感性知识

思维是在感知的基础上产生和发展的。人们对客观世界正确、概括的认识，是通过感知觉获得大量具体、生动的材料后，经过大脑的分析、综合、比较、抽象、概括等思维过程才达到的。因此，感性知识、经验是否丰富，制约着思维的发展。幼儿教师应有意识、有计划地组织各种活动，丰富幼儿的感性知识及其表象。

在幼儿园环境中，教师应为幼儿提供良好的活动场所及各种活动工具、材料，供幼儿选择，使幼儿不受限制地按自己的思维活动进行游戏，不断开创科技活动的新天地。也只有在丰富多彩的、富有启发性的、具有开放性的环境里，才能促使幼儿展开想象的翅膀，无拘无束地动脑、动手、动口，积极地去想、去做、去创造。

2. 发展幼儿的语言能力

语言是思维的武器和工具。正是借助于词的抽象性和概括性，人脑才能对事物进行概括、间接的反映。通过语言中的词和语法规则，幼儿才得以逐渐摆脱对实际行动的直接支持，摆脱表象的束缚，抽象、概括出事物之间的规律性联系。在日常生活中，教师应抓住一切机会，在幼儿理解的基础上，不断丰富幼儿的词汇，帮助幼儿正确运用口头语言，并引导幼儿学会连贯性表达。教师还应适时、适量地教给幼儿一些抽象的词语，如“交通工具”“动物”“植物”“水果”“文具”等，以增强幼儿对事物的概括能力。

3. 教授幼儿正确的思维方法

思维的特征是概括性、间接性和逻辑性。随着年龄的增长，幼儿有了较多的感性知识和生活经验，语言发展也达到较高水平，为思维发展提供了条件和工具。但幼儿还需要掌握正确的思维方法，才能更好地利用这些条件和工具。幼儿不是一开始就能掌握这些方法的，家长和教师都要引导和教授幼儿，遇到问题如何通过分析、综合、比较和概括，运用逻辑的判断、推理来解决问题。例如，幼儿园科学课中的“水果沉浮实验”，就是培养幼儿正确思维方法的很好的活动。实验时将各种水果，如苹果、西瓜、桃、葡萄、梨等，分别放入水盆里，同时让幼儿猜“它能沉下去吗?”这样生动形象的智力游戏，可以使幼儿学会简单的判断和推理。

4. 激发幼儿的求知欲，保护幼儿的好奇心

提出问题、思考问题、解决问题的过程其实就是幼儿积极进行思维的过程。因此，教师要采用多种方法来激发幼儿的求知欲，保护幼儿的好奇心。幼儿的好奇心和求知欲伴随着他的一切活动，教师可以尝试运用各种方法来维持幼儿的探索热情，启发幼儿思考。例如，教师应尽量多地带幼儿走进大自然、亲近大自然，激发幼儿的好奇心，并让幼儿在实践中思考一些问题。

5. 在艺术活动中培养幼儿创造性思维能力

文学、音乐、美术、手工都属于创造性艺术活动。在这些艺术活动中，创造想象的

作用尤为突出，而创造想象正是创造思维的支柱。

（1）文学活动

在幼儿园的文学作品学习活动中，教师可鼓励幼儿给作品创编不同的结尾，或者给故事中所出现的问题设想其他解决方法。例如，在《乌鸦和狐狸》的故事中，教师可启发幼儿想“乌鸦怎样才不会上狐狸的当”。教师组织此类活动，可以培养幼儿敢于质疑、敢于创造的能力，从而发展幼儿的创造性思维。

（2）音乐活动

教师要给幼儿为音乐配动作的机会，如在幼儿欣赏过新疆舞蹈并学过基本舞步以后，教师就可以在音乐活动中启发他们自编新疆舞蹈。运用激发法和重组法，让幼儿根据已学过的基本舞步进行讨论，提供纱巾、铃鼓等道具，让幼儿为乐曲创编动作，充分展示幼儿的创造力。

（3）美术活动

教师可以组织幼儿参加的美术活动有添笔画（如圆形可添画成太阳、向日葵、苹果、西瓜等）、拼画（如正方形、半圆形可组成房子、厨师等）、主题画、诗画、故事画、粘贴画等。教师在评价幼儿作品时，不是片面地看画得像不像，制作得精美不精美，而是重视作品的创造性意识，鼓励幼儿自由创造，不局限于教师的范例，鼓励幼儿用与众不同的方式来表现自我感受。

（4）手工活动

手工活动的内容丰富多彩，有泥工、纸工、布贴、剪贴、自制玩具等。其中，纸工又有撕纸、剪纸、染纸、立体制作等，而自制玩具的内容更是多样化，许许多多的废旧物品都可以成为自制玩具的材料。幼儿可以在观察、思考、选择和裁剪材料中发展思维、启迪智慧。各种材料的性质和作品之间，都存在着一定的联系和规律。教学中，教师要善于引导幼儿自主探索，去发现并运用这些联系和规律。

思考·练习

一、简答题

1. 生活中，我们常用到哪些思维方式？列举几个创造性思维的实例。

2. 简述幼儿创造性思维的特征。

二、案例分析

3 岁的丫丫十分活泼可爱，父母很喜欢她。可令丫丫父母疑惑的是，无论在做什么事情之前，丫丫从不爱多思考。例如，画画时，让她想好了再去画，而她却拿起画笔就开始随便画，画出什么样就说画的是什么。在玩积木或要解决别的问题时也是这样。丫丫父母认为这样不好，便总是要求丫丫想好了再去做，可丫丫常常做不到。

你认为丫丫父母的态度和行为对吗？请从幼儿思维发展的角度分析丫丫的这一类行为，并为丫丫的父母提出科学的教育建议。

第七章 幼儿的言语

学习目标

- 掌握幼儿言语发展的特征。
- 掌握幼儿言语的培养方法。
- 理解言语在幼儿心理发展中的作用。

第一节 言语概述

一、语言和言语

语言是社会现象，是人类沟通交流的重要方式。它是一套以词为基本单位，以语法为构造规则的符号系统，通常包括音、形、义、词汇、语法等要素。

言语是心理现象，是把语言符号按照语言的规则排列起来表达具体内容的。言语是人们所说的话，是比较具体的东西，是语言的直接表达方式，是利用语言进行交际的活动。

人们运用一定的语言，进行各种形式的交际，或者说出，或者写出，对方或者聆听，或者阅读。这种说、写、听、读，就是不同形式的言语活动。

二、言语的分类

根据言语的表现形式不同，言语可分为外部言语和内部言语，外部言语又可以分为口头言语和书面言语。幼儿的言语主要是指口头言语。

1. 外部言语

（1）口头言语

口头言语依靠人的发音器官，以听和说为主。它通常表现为对话和独白。

情景再现

4岁的欢欢在和姐姐玩青蛙玩偶。

欢欢："姐姐，青蛙要去哪里啊？"

姐姐："去找妈妈啊。"

欢欢："可它就是妈妈啊。"

姐姐："那小青蛙去哪儿了？"

欢欢："没有小青蛙，只有小蝌蚪。我给你讲小蝌蚪找妈妈的故事吧。小蝌蚪问鲤鱼，你是我妈妈吗……"

对话是两个人或更多的人共同参与的言语活动，它是在一定情景下产生的，具有明显的情境性。情景再现中欢欢和姐姐的言语活动就是对话。

独白是一个人独自进行的言语活动。例如，在幼儿的日常生活中，人们常常可以发现，有的幼儿单独游戏，玩到高兴时，会自言自语："这是山……挖好了……这是河……挖好了。河上边应该搭座桥，桥搭这儿……桥搭成了，河水在下边慢慢流……"也有的幼儿，有时独自安静地躺在床上或坐在桌前自言自语，似乎在讲什么特别有趣的事情。

（2）书面言语

书面言语需要借助文字这一媒介，通过读和写来表达内心的想法。儿童掌握书面言语通常要经过三个阶段，即识字、阅读、书写。书面言语的掌握也为儿童抽象逻辑思维的发展奠定了基础。

2. 内部言语

内部言语是人们思考问题时为自己所用的语言，是在外部言语发展到一定阶段的基础上逐步产生的。其显著的特点是隐蔽性和简略性。隐蔽性是指不需要经过发音器官。简略性则指不需要像外部言语那样连贯和详尽，可以简略和概括。内部言语指向的是自己，阿基米德当初发现浮力原理时，就是内部言语在发挥作用。

幼儿前期没有内部言语，到了幼儿中期内部言语才产生。一方面，幼儿思维依靠表象进行，不能单独思考问题；另一方面，幼儿语言动觉调节机能尚不完善，还不能控制发音器官的活动。这样就出现了幼儿自言自语的现象。

幼儿自言自语的形式主要有两种：

（1）游戏言语

幼儿一边活动，一边自言自语。例如，幼儿进行积木搭建，边搭边说，用言语说明或丰富行动内容的不足；幼儿绘画时，一边画一边嘀咕，用言语补充画不出来的情节。

（2）问题言语

当幼儿找到解决问题的办法时，也常出现自言自语，用言语表示所采取的办法。例如，在拼图遇到困难时，幼儿会自言自语："这个放到哪里呢……不对，应该这样……嗯，对了。这是什么呢……就放在这儿……"

三、幼儿言语发展的主要特征

幼儿期是言语发展的关键时期，幼儿一般在 5 岁左右才能基本掌握人类复杂的语言系统，此后便处于一个稳定期。幼儿言语发展主要体现在语音、词汇、语法和口语表达能力等方面。

1. 语音

新生儿因呼吸而导致的哭声，是一个人最初的发音。婴儿出生 10 天左右就能辨别不同的语音，1 岁以前是幼儿言语的准备期，会经历 3 个阶段：简单发音阶段（0 ~ 4 个月），婴儿可以发出 a–a 的声音；连续发音阶段（4 ~ 8 个月），婴儿开始连续重复同一音节，出现喃喃语声，如 ma–ma 的语音；模仿发音阶段（9 ~ 12 个月），婴儿开始模仿发音，出现不同音节的练习发音，如在成人的引导下发出 fan–fan。

幼儿语音水平是随着年龄增长而不断提高的。3 ~ 6 岁是幼儿语音发展最重要、最迅速的时期。

3 岁左右的幼儿，由于听觉不够灵敏，还不能区分差别较小的声音；同时，他们的发音器官发育尚未完善，控制发音器官的能力较差，还不会运用发音器官的某些部分，所以有不少声音发不准。

情景再现

幼儿常常把需要用舌根的不送气塞音“g”“k”，发成舌尖音“d”“t”，从而出现把“哥哥”说成“得得”的现象。幼儿常常把需要用舌尖后位的“zh”“ch”“sh”，发成舌尖前位的“z”“c”“s”或者发成舌面的“j”“q”“x”，从而出现把“老师”叫成“老西”、“吃饭”说成“七饭”的现象。

对于“n”“l”、“r”“l”，还有“h”“f”也常常分不清，从而把“奶奶”叫作“来来”，把“真热”说成“真乐”，把“灰尘”说成“飞尘”。

4 岁以后，幼儿由于听觉灵敏性的发展和发音器官的逐步完善，逐渐能够控制发音的部位，在正确的教育和训练下，他们能基本掌握全部语音，只有个别幼儿对个别较难发的音仍感到困难。

到 6 岁，幼儿的发音一般已没有什么问题，他们不仅能正确地发出词音，而且能按语句的内容调节自己的音调，清楚准确地发出四声。如果这时的幼儿还有发音不清的情况，就属于特殊现象了，应该进行专门的检查和治疗。

2. 词汇

1 岁以后言语开始形成。从词汇的角度看，1 ~ 2 岁是不完整句阶段，2 岁以后进入完整句阶段。不完整句阶段又可以分为两个小阶段：1 ~ 1.5 岁叫作单词句阶段，这一时期的幼儿经常说叠词，如“饭饭”“球球”等；1.5 ~ 2 岁是双词句阶段，又称电报句阶段，这一时期幼儿的言语多为两个或两个以上的词组，词义表达断续，就像成人发的电报一样，如“乐乐，饭饭”。到了 2 岁以后，幼儿能够说出简单的句子，进而发展到能表达出复合句。

幼儿期是儿童掌握词汇最关键的时期。在这个时期，幼儿掌握的词汇数量和质量都会发生很大的变化。

（1）词汇数量增加

幼儿 3 岁时可掌握 800 ~ 1 000 个词，4 岁时可掌握 1 600 ~ 2 000 个词，5 岁时可增加到 2 200 ~ 3 000 个词，6 岁时可掌握 3 000 ~ 4 000 个词。

（2）词类范围扩大

幼儿掌握各类词的先后顺序为：名词—动词—形容词—副词。

3、4 岁幼儿所掌握的词汇，绝大多数是名词、动词，还有部分形容词。到 5、6 岁，形容词大量增加，副词、数词、量词、连接词、前置词等也逐渐被掌握。到幼儿末期，言语活动中最基本的一些词类在幼儿言语中都可以找到。当然，虚词（副词、介词、连词、助词、叹词、拟声词）仅仅占很小的比例，远远不能与学龄儿童相比。

（3）词汇内容丰富

一方面，幼儿掌握的每一个词本身的概括性逐渐增强。例如，“桌子”“苹果”，不仅包括了各种各样的桌子和苹果，还包括了桌子和苹果的某些一般属性。

另一方面，幼儿掌握的抽象性、概括性较高的词汇数量逐渐增加。例如，幼儿在过去只掌握“老虎”“狮子”等词，现在则掌握了“动物”；幼儿过去只掌握“娃娃”“小汽车”等词，现在则掌握了“玩具”。

情景再现

3 岁的果果睡觉前听完妈妈讲故事，想要吃个苹果，妈妈就说：“不要吃啦，苹果都睡啦。”果果说：“不会的，小苹果可能睡了，大苹果肯定没有睡。”因为她觉得大苹果是小苹果的妈妈，妈妈不会睡那么早。

幼儿对语词的理解与成人有很大区别，显得幼稚、肤浅，更谈不上很好地运用。和成人相比，幼儿对词义的掌握还不够丰富和深刻，如把“一个小朋友”说成“一只小朋友”。幼儿使用过于抽象的词或远离幼儿生活的词还有困难。例如，幼儿记自己熟悉的水果时非常容易，而记卡片上不常见的水果就有一定的困难。

3. 语法

受思维和言语发展的影响，幼儿 3 岁以前所用语法很少。在逐渐掌握了语音、词汇之后，幼儿才逐步接触各种基本的语法结构形式。

3岁左右的幼儿大量运用由十来个字词组成的简单句，由于他们掌握不好词和词的关系，所以常常出现语法错误。

4岁左右的幼儿开始能够大量正确运用简单句，并能用许多简单句来稍详细地描述自己的见闻或说明自己的意思。语言发展较好的幼儿，已经开始使用复合句式，“因为……所以……”“如果……那么……”等复合句子的使用频率提高。

到5、6岁时，幼儿语言中各种类型的复合句相继出现，不仅有反映时间、空间关系的复合句，还有反映原因和结果、手段和目的、部分和整体的复合句。幼儿所使用的简单句占绝大多数，复合句只占很少一部分。而且，幼儿所说的复合句有一个明显的特点，就是连词用得少。在整个幼儿期，幼儿虽然能够说出各种合乎语法规则的句子，但并不能把语法规则当作认识对象，他们只是在语言习惯上把握了它。专门的语法学习对幼儿来说，既困难也没必要。

4. 口语表达能力

小班幼儿的言语表达能力比较差，带有很大的情境性。他们不能作完整、连贯的叙述，而常常是想说什么就说什么，东一句西一句，使用的是没头没尾、断断续续的短句，并且常常出现没有主语、动宾不当或词序颠倒、重复等现象。

情景再现

一个3岁的孩子向别人讲自己昨天晚上做的事时说：“看到解放军了，在电影上，打仗，太勇敢了。妈妈带我去的，还有爸爸。”讲的时候好像别人已经了解他要讲的内容似的，一边讲，一边做一些手势和表情。

随着实践活动和集体活动的增多，中班幼儿需要向成人或小朋友表述自己的知识经验、兴趣爱好，那种夹杂着浓厚情境性的、不连贯的言语已不能完成上述任务，这就促使幼儿的连贯性言语逐渐发展起来。

大班幼儿连贯性言语逐渐取得了支配地位，成人仅凭其言语表达本身就可以理解幼儿所要表达的意思。

总之，幼儿言语的发展越来越成熟，他们不仅可以描述事物，还可以进行思想上的交流，这为幼儿进入小学接受正规教育、掌握书面言语做好了准备。

第二节　幼儿言语的培养

一、言语在幼儿心理发展中的作用

情景再现

看图讲述时，在城市生活的幼儿会说："这是春天的一个晴朗的早晨，蓝蓝的天上飘着白云。""在公园的中央，有一个大花坛，花坛里开满了五颜六色的鲜花，有红的、有黄的、有白的、有粉的，多美丽！"而在偏远地区生活的幼儿，眼睛望天或看地，手揪衣角或玩扣子，绝大多数只会说："这是早晨，天上有云彩。""公园里种着各种颜色的花，真好看。"

在情景再现中，与经济较发达地区的幼儿相比，偏远地区的幼儿词汇明显平淡，缺乏生气和美感；从句子结构来看，前者基本上都是复合句，句子完整、连贯，层次明确、清楚，而后者一般句子较短，不连贯，带有很大的情境性；从说话习惯看，前者喜欢说话，说话时也大胆、自然，声音清楚、响亮，而后者则大多不爱说话，说话时声音小、含糊不清，眼睛望天或看地，手揪衣角或玩扣子来掩饰其不好意思。

以上情景再现表明，幼儿生活在文化发展水平不同的地区，会受到不同强度的语言训练，言语发展水平不同。情景再现同时说明言语与其他心理活动有着密切关系，在幼儿心理发展过程中起着至关重要的作用。

1. 言语与认知发展的关系

幼儿言语与认知相互促进、共同发展。抽象的词和语法的掌握有赖于认知的发展，同时言语发展对认知的发展起推动作用。言语发展使幼儿不仅可以直接认识事物，还能够间接地、概括地认识事物，扩展幼儿的认知范围。例如，随着言语的发展，幼儿到晚期开始理解"动物""植物""家具"等类概念，开始对"勇敢""喜欢""分享""讨厌"等抽象概念有了一定的认识。

2. 言语与创造性思维发展的关系

言语的发展推动幼儿创造性思维的发展。

（1）言语发展导致某些自造概念出现

情景再现

幼儿园请一位姓方的专业教师来指导幼儿活动，小班幼儿自发地将这位年龄较大的教师称为“外婆老师”。

“方老师”这个称谓对这个班的幼儿来说是不熟悉的和难以记忆的，相比而言，教师与外婆相近的形象却是幼儿熟悉的，于是“外婆老师”就应运而生了。这是幼儿期言语引发创造的比较普遍的现象。

（2）言语发展使幼儿创造性地运用语言成为可能

幼儿经常会根据学到的句子、故事、诗歌的结构，结合自己的生活经验自发地或在教师的指导下进行诗歌仿编和故事表演等，这些都是言语和创造性思维结合的结果。

3. 言语与个性发展的关系

幼儿通过言语触摸感知外部世界，与其他个体分享自己的生活经验，表达自己的喜怒哀乐，从而获得乐趣和满足，这为其性格形成和发展带来积极影响。

4. 言语与社会交往能力发展的关系

幼儿掌握言语的过程也是幼儿社会化的过程。幼儿在与他人交际的过程中，可以学会通过语言协商，直接或间接学习为人处世的经验。

二、幼儿言语的培养方法

研究表明，同是 4 岁幼儿，都表述星期天的生活，缺乏言语训练的幼儿，说了 112 句，共 11 段，还不能把事物之间的关系和事情的主题交代清楚。而接受较多言语训练的幼儿，只用二三十句话，就能抓住主要情节和各情节之间的关系，语句简练，表达系统，并且基本上没有不必要的废词和拉长声的语病。因此，为了幼儿言语的发展，成人必须重视幼儿言语的培养。

1. 培养幼儿正确的发音

（1）培养幼儿准确的听音能力

要使幼儿会正确地发音，首先就要求幼儿能听得准确，听得准是说得准的前提。因此，教师必须注意发展幼儿的言语听觉，使他们会听音，能分辨各语音的微小差别，特别是区别某些近似的词音，如 z、c、s、zh、ch、sh、n、l 等，为幼儿正确地发出词音打下基础。

教师可以给幼儿听录音故事、动物的声音，玩听觉的游戏等，让幼儿听后模仿、想象，并让他们说一说听到了什么。例如，让幼儿分辨大小、强弱等不同的声音，“猜猜我是谁?”“是谁在学哪种动物叫?”等。

幼儿有时会出现倾听不专注的现象，这除了与年龄特点有关外，也可能有其他原因，如身体不舒服、情绪不好、对活动本身不感兴趣。如果对所有幼儿统一要求，会使这部分幼儿产生抵触情绪，从而不愿参加语言活动。因此，教师应区别对待，允许个别幼儿有些许“自由化”的行为。

（2）教会幼儿正确的发音

根据幼儿注意和语音发展的特点，教师可用色彩鲜艳、形象生动的实物、玩具、木偶、图片，以游戏方式组织幼儿听与说。

教小班幼儿练习区分“j”和“q”时，借助实物或玩具小鸡与白菜，教师说：“小鸡小鸡来吃菜。”幼儿跟着说。

教幼儿正确发“sh”和“s”时，组织幼儿玩“卖柿子”的游戏，有的当卖柿人，有的当买柿人，每个卖柿人手里都拿四五张有一至五个柿子的图片，幼儿在反复地说“柿”“涩”的过程中，能够很快掌握“sh”和“s”的发音。

教师也可以带幼儿学习小动物叫声，如鸭子“嘎嘎嘎”、母鸡“咯咯咯”、小羊“咩咩咩”、小狗“汪汪汪”、小猫“喵喵喵”；还可以教幼儿学说简单的儿歌、绕口令，如练习“z”的儿歌“三个小胖子，穿衣扣扣子。红红帮冬子，冬子帮珍子，互相来帮助，都是好孩子。”

（3）充分利用一日生活的各个环节

教师应充分利用游戏、散步、吃饭等日常生活的各个环节培养幼儿正确的发音习惯。

有的幼儿分不清“裤”和“兔”，把“裤子”说成“兔子”，教师可以在散步时带幼儿去看兔子，并告诉幼儿：“你们看，这是兔子，兔子喜欢吃白菜，还喜欢和小朋友一起玩。你们去问问她：‘小兔子，我穿的裤子好看吗?’”有意识地让幼儿练习“裤”和“兔”的发音。

有的幼儿分不清“湿”与“吃”，教师可以在幼儿吃饭前洗手时提问：“毛巾放到水里怎么样了?”“炊事员叔叔做饭给谁吃?”等等，引导他们反复练习“湿”与“吃”的发音。这样，经过多次反复练习后，幼儿的语音分辨能力就能得到显著提高。

（4）当幼儿发音不清楚时不急于纠正

教师如果一味地纠正，幼儿会丧失说话的勇气和信心。因此，成人应以鼓励为主，变换场合与方式，让幼儿在不经意间学习、模仿教师和同伴的发音，改正自己表达时欠妥的地方。

同时，在教幼儿发音时，教师一定要注意自己发音准确、清楚，可以引导幼儿模仿自己发音时的口形，以掌握发音的部位和方法。

2. 丰富幼儿的词汇

幼儿在实际生活中常常出现因缺乏必要的词汇而使语言显得平淡、简单的现象，幼儿有时还需要借助手势、表情与人交往。因此，教师必须有步骤地丰富幼儿的词汇。

（1）丰富幼儿的词汇应该有目的、有计划地进行

首先丰富代表具体概念的词，然后逐渐丰富代表抽象概念的词，如先教苹果、熊猫等词，然后再教水果、动物等词。

从词类来说，首先要教名词，其次教动词，而后再教形容词和副词，最后在幼儿掌握有实际意义的实词的基础上教虚词，由浅入深、由近及远、循序渐进地进行。对于小班幼儿，应当教他们一些常见的、容易理解的、生活中迫切要用的词，如水果、耳朵等。中班幼儿掌握的词汇量大幅度增加，教师要让他们掌握一些描述事物细节的名词、动词、形容词等，如光滑、弯曲等。大班幼儿由于抽象思维的萌芽，可以学一些文学作品中出现的词汇，如《咏鹅》《农夫与蛇》。

（2）丰富幼儿的词汇应该与事物具体形象相结合

幼儿通过听、看、触、摸、尝、闻等多种感官获得对周围人、物、大自然及社会现象的认识，而认识范围的扩大、内容的加深又丰富了幼儿的语言。因此，教师应为幼儿创造条件，让他们动手、动脑、动口，在实践中丰富词汇。

教师可以在班上的自然科学角里种植一些白菜头、胡萝卜根，萝卜挖空后可在里面种蒜等，让幼儿仔细观察它们的生长过程，并要求幼儿用恰当的语言表达出来，如“嫩绿的叶子”“绿油油的麦苗”。

有些事物没有条件让幼儿直接感知，教师可以用图片来教幼儿掌握其名称和描述性词汇，如山羊和绵羊、天安门和纪念碑；也可以用生动形象的语言唤起幼儿已有表象，帮助幼儿理解。例如，“荒林”这个词，可结合幼儿有关树林的经验，解释为“荒林就

是没有人去过的或没人管理的树林”。这样，幼儿联系关于树林的表象，由此及彼，就会较容易懂得“荒林”的含义。

（3）努力为幼儿词汇的积极化创造条件

幼儿词汇分两类：一类是消极词汇，即幼儿能理解但不会运用的词汇；另一类是积极词汇，即既能理解又能正确运用的词汇。因此，丰富幼儿的词汇，仅仅教给他词汇是远远不够的，还必须积极促使幼儿的词汇由消极词汇向积极词汇转化。一方面，介绍新词必须与事物的具体形象紧密联系，使幼儿能正确理解词义；另一方面，启发和教会幼儿在各种场合中积极、正确地运用已掌握词汇，帮助幼儿词汇积极化的手段有组词、造句、看图讲述、教学游戏、编讲故事等。例如，教“枯黄”这个新词，教师可以选择在秋天把小朋友带到大自然中，看树叶、小草变得“枯黄”。教“原来”“现在”“刚才”“上”“下”“前”“后”等词时，教师可以带领小朋友玩“什么东西变了位置”的游戏，幼儿在游戏中造句，如“原来我在椅子上，现在我在桌子下”，反复运用上述各词，就能逐渐熟练地掌握这些词汇。

（4）在日常生活中丰富幼儿的词汇

日常生活中的言语多是常用的、重复的，这种重复既有利于幼儿加深对新词的理解，也有利于幼儿学会正确、恰当地使用新词。在游戏、散步、吃饭、劳动等活动中，教师要注意组织幼儿观察周围事物，通过与个别幼儿或全班幼儿的谈话，来帮助幼儿丰富词汇。

吃饭时，教幼儿主食、副食、餐具的名称；穿衣时，教幼儿衣服和衣服各部分的名称；游戏时，教幼儿玩具和其他游戏材料的外形特征、用途；散步时，引导幼儿观察天空、大地、庭院，说一说“蓝蓝的天”“红红的太阳”“百花盛开”“蝴蝶飞舞”“小鸟吱吱叫”“地面铺上了绿色的地毯”等，使幼儿理解和掌握的词汇日益丰富。

（5）通过儿童文学作品丰富幼儿的词汇

儿童文学作品经过艺术加工，词汇生动形象、精练优美。家长和教师经常给幼儿朗诵或讲读一些优秀的童话、儿歌、故事、散文，有益于幼儿词汇的获得、丰富和发展。

3. 教会幼儿按照汉语语法规则讲话

幼儿用词不当时，教师应给予纠正，并让幼儿重复练习。幼儿学习语法规则主要靠模仿，因此教师要不厌其烦地让幼儿练习。

幼儿会经常讲出不合乎语言结构的句子。例如，幼儿说“老师，我要一本书，小糊涂神。”教师要将其纠正为：“老师，我要一本小糊涂神的书。”并让幼儿说两遍，这样幼儿渐渐地就会说了。

4. 培养幼儿口语表达能力

一个幼儿说：“老师，鼻子流血了，打架了，在那边，衣服破了，不过来……”从这段话中，你根本听不明白是谁和谁打架了，谁的鼻子流血了，谁的衣服被撕破了，谁又不过来。教师常常需要根据幼儿的手势、表情，并询问旁边的小朋友，才能明白他们说的意思。

幼儿说话常常语不成句、层次混乱，教师应该循序渐进地培养幼儿口语表达能力。

（1）口头造句是口语练习最简单的形式。教师可以从口头造句开始，引导幼儿用一个完整的语句表达自己的想法。例如，请幼儿用“美丽”一词造句，幼儿可以说“动物园里有美丽的孔雀”“院子里的花真美丽”，但不能只说“美丽的孔雀”“真美丽”等不成句的词组；请幼儿用“许多”造句，幼儿可以说“我有许多玩具”“动物园里有许多小朋友”，但不能只说“许多玩具”“许多小朋友”等“半截子”话。这样反复练习、更正，能使幼儿懂得什么是完整的句子、说话应该怎样说得完整。

（2）教师可采用儿歌、听说游戏、民谣、复述故事、仿编儿歌、简单读编故事、仿编故事、创编故事、猜谜语、绕口令、阅读等多种形式，逐步培养幼儿言语的完整性和连贯性。

教师在培养幼儿运用语言交往的基本能力时，注意采取综合教育手段，不仅仅让幼儿具有模仿语言的能力，还要让幼儿学习举一反三，会依照原有的语言范例填换内容，表达新的意思，让幼儿学会创编故事，续编故事的结尾、中间，从而发展幼儿口语表达能力。

例如，讲“小蝌蚪找妈妈”的故事以后，教师让幼儿用橡皮泥和各种自然物，每人做一套故事角色（青蛙、蝌蚪、鹅、金鱼、乌龟等），做好后，让幼儿边演示边讲。这样既加深了幼儿对故事的记忆与理解，又调动了幼儿的积极性、创造力和想象力。

（3）在谈话时，教师一方面说话要连贯、完整，不说“半截子”话，不前后颠倒；另一方面要坚持要求幼儿将话说完整、说连贯，不能用手势、表情来代替某些词语。

通常，幼儿在叙述过程中教师要适时地提问引导。例如，“六一”后谈话时，幼儿说：“挂着大灯笼，挂着美丽的彩带。”教师就应提问：“什么地方挂着大灯笼？什么地方挂着美丽的彩带？是谁挂的？”引导幼儿将欠缺部分补充进去，把话说完整。有时幼儿说着说着没有适当的词了，想说而说不出来，这时教师要及时地教给他合适的词或句，或启发他自己选用确切的词句来表达。有时幼儿说着说着偏离了主题，这时教师就要通过提问把幼儿的思路引回原来的主题内容，使幼儿仍围绕原来的主题有条理地把事情叙述完整、连贯、清楚。

图画读物形象生动可爱、色彩鲜艳美丽，深受幼儿喜爱。要想发挥图书作用，教师需做具体指导，教给幼儿看书的方法。例如，拿到一组图画，要求幼儿先看数码或按情节排好顺序，然后找出书中的主要角色，记住他们的形象，观察他们的动作，想象他们在干什么，最后联想组合成故事。

对于幼儿表达的话语，教师不要简单地给予评价或答复，可以就此不断深入地与其讨论。例如，幼儿说“我想买玩具。”教师可以问“为什么？”

（4）有计划地带领幼儿直接观察，采用直观形象的方法激发幼儿的学习兴趣。例如，教师给幼儿讲“春天的故事”之前，先告诉幼儿：“春天到了，大树、天气、人、花、草、小动物呀都有一些变化。一看到这些变化，就知道春天到了。你们找一找、看一看，春天到了有些什么变化，然后讲给大家听。”幼儿回家后仔细观察、寻找。当教师讲完故事之后问他们：“除了故事里大树、小草、小动物的变化外，还怎样知道春天到了？”幼儿根据自己的观察、亲身的体会，积极地发言。幼儿说：“小燕子飞回来了；青蛙妈妈有宝宝——小蝌蚪了；小草偷偷地从泥土里钻出来了；春天到了，可以放风筝了。……”幼儿列举了他们生活中的经验，兴趣很高。

（5）在日常生活中，教师要尽可能利用一切机会与幼儿交谈，谈话的内容可以很广泛，如“你最喜欢什么玩具？”“昨天回家路上看到了什么有趣的事？”“在家里干了些什么？”“昨天到哪儿玩了？”“谁和你一起去玩的？”“看见了什么新东西？”等。

5. 善于运用鼓励的方法

（1）当幼儿答错问题时不马上予以否定

当幼儿答错问题时，教师可以用引导的方法，如“你再想一想”；可以用重复的方法，如“老师再说一遍问题”；可以用安慰的方法，如“别着急，想一想再说”；还可以用规劝的方法，如“你可要注意听，不然就会说错了”。让幼儿敢说，使幼儿在尝试错误的同时获得语言发展。

（2）对表达能力强的幼儿不过多地、空洞地表扬

教师应该观察这类幼儿是否在原有的基础上有进步。教师表扬的次数要适宜，内

容要具体，要让幼儿知道好在哪里，便于激励幼儿向更高的语言水平发展。“你说得真好！”“真不错！”此类空洞式的表扬对幼儿的言语发展没有太大价值。

（3）对不肯说、不爱说的幼儿不忽视

成人要在日常生活中给予幼儿关心、理解，与幼儿多进行语言沟通，而不是简单地教幼儿说，甚至忽视他们的存在。

总之，教师要千方百计创设幼儿学习语言的环境，让他们学会观察、学会思考、学会表达，在生动活泼的语言情境中养成认真听读的习惯，积极交流，学会表达自己的所见、所闻、所思，从而获得知识、丰富想象、开阔视野、陶冶情操，不断提高语言表达的能力。

三、幼儿口吃及矫正方式

口吃，从字面意思上看是指口语表达吃力，也就是俗称的“结巴”，是幼儿期常见的疾病。口吃通常包括首字发音困难、语词重复和语句中断三种类型。

情景再现

丽丽是一个活泼可爱的小女孩，喜欢跟老师和小朋友们交流。然而，寒假过后，丽丽变得不爱说话了，每次开口都要费很大劲，“老……师，我……”，有时候话没说完就急哭了。为此经常引来其他小朋友的笑声，有的小朋友还会问：“老师，为什么丽丽这么说话呢？”也有小朋友模仿丽丽说话的方式。

情景再现中的丽丽就属于首字发音困难型口吃。很多时候，口吃并非天生，而是后天形成的。研究表明，形成口吃的原因主要有两种：一种是发音器官出现器质性病变，需要到医院接受专业治疗；另一种则属于心理原因，在紧张、焦虑、激动的情境下，幼儿急于表达自己的想法，但掌握的词汇不充足，就容易造成口吃。另外，模仿也可能会导致口吃，情景中的小朋友模仿丽丽说话，也存在形成口吃的风险。

心理问题造成的口吃是可以积极预防和矫正的，具体方式如下：

1. 消除紧张。这是矫正口吃十分重要的方式。对待口吃的幼儿，多一些耐心，不催促、不打断、不训斥，营造温馨安全的氛围，给幼儿表达的时间和机会，并及时给予鼓励和支持。

2. 教师言传身教。幼儿具有向师性，主要的模仿对象就是教师，因此教师说话时应吐字清晰、不急不慌，做好幼儿的学习榜样。同时，教师不应该随意模仿和取笑口吃的行为。

3. 丰富幼儿的词汇，有意识地让幼儿多听、多说、多练习口语表达。

思考 · 练习

一、简答题

1. 简述幼儿言语的分类。

2. 结合实际，说说言语在幼儿心理发展中的作用。

二、案例分析

苗苗从小说话就发音不清楚，主要问题是：韵母发音不清，一些语音有变调、遗漏、替换等现象，以及讲话不能成句。她4岁前一直由父母照看，没有入园经验。父母工作忙，没有太多的时间照顾她，因她说话不清楚，怕别人笑话、嘲弄她，经常把她一人锁在家里，很少让她与别人接触。

针对这种情况，幼儿园教师该怎么办？

第八章
幼儿的情绪和情感

学习目标

- ◆ 理解情绪和情感的含义及情感的种类。
- ◆ 掌握幼儿情绪的发展特征。
- ◆ 掌握幼儿良好情绪和情感的培养方法。

第一节 情绪和情感概述

一、情绪和情感的含义

一个人对客观事物是否符合自己需要时而产生的态度体验就是情绪和情感。当人的需要得到满足时，就会产生积极的情绪或情感，如兴奋、喜悦；而当人的需要得不到满足或遭到挫折时，就会产生消极的情绪或情感，如失望、忧虑、憎恨等。

情景再现

一天早晨，小朋友们正在进行区角活动，丫丫不小心把采蘑菇的篮子打翻了，蘑菇散落了一地。这时，阳阳看到了就跑了过来帮她把蘑菇捡到篮子里。教师及时表扬了阳阳，并奖给他一幅小贴画。这一天，阳阳都很开心，各方面的表现都很好。

另一天餐前活动时，小朋友们将插塑玩具做成了火车、照相机等各种东西，大家玩得很投入。阳阳拿着他做的小手枪跑过来说："老师，你和我一起玩吧。"这时，东东跑过来撞掉了阳阳的小手枪，阳阳伤心地哭了。

以上情景再现中，阳阳因帮助丫丫而受到教师的表扬，产生了"开心"的心情；而当阳阳的小手枪被撞到地上，他产生了"伤心"的心情。这种"开心"或者"伤心"，就是情绪和情感。

二、情绪和情感的区别与联系

1. 情绪和情感的区别

（1）情绪由自然性需要引起，情感则由社会性需要引起

情绪是由维持生命、繁衍种族等自然性需要（即生理需要）是否获得满足所引起的较低级的简单体验。例如，人对食物、水、空气、温暖、运动、休息等的需要为生理需要，得到满足会满意、喜欢、快乐等，得不到满足又会不满、厌恶、惊恐等。情感则是由社会性需要是否获得满足所引起的高级且复杂的体验，如由道德需要引起的道德感、由求知需要引起的理智感、由审美需要引起的美感等。

（2）情绪是动物与人所共有的，情感则是人所独有的

动物只有自然性需要，没有社会性需要。因此，动物只有较低级的情绪体验，没有高级情感体验。而人则是具有两种需要，因此具有情绪和情感。

（3）情绪具有不稳定性，情感则相对稳定

情绪是情感的具体形式和直接体验，具有明显的情境性和不稳定性。当某种情境消失时，情绪立即随之减弱或消失。而情感是情绪经验的概括，具有显著的稳定性。例如，同学之间为某个问题而争执，感到非常生气，但一段时间后，这种情绪会很快消失，同学之间仍能保持持久的友谊。因为，同学间的这种友谊是比较高级

的情感。

2. 情绪和情感的联系

一方面，情绪依赖于情感，情绪的不同变化一般都受到已经形成的情感及其特点的制约。另一方面，情感也依赖于情绪，人的情感总是在不断变动着的情绪中得到表现。离开了具体的情绪过程，人的情感及其特点就不可能现实地存在。因此，在某种意义上可以说，情绪是情感的外在表现，情感是情绪的本质内容。此外，同一种情感在不同的条件下可以有不同的情绪表现。例如，当一个人受过集体主义教育并形成爱集体的情感之后，看到集体取得一定成绩会非常兴奋和喜悦，看到集体遇到困难时会非常着急和忧虑。

三、情感的分类

1. 根据情感的基本状态分类

根据情感发生的强度、速度、紧张度和持续性不同，可以把日常生活中人们的情感分为心境、激情、应激和挫折。

（1）心境

心境是在一段时间内使人的一切体验和活动都染上情绪色彩的、比较轻微而持久的情感状态，通常人们称之为心情。这种情感状态一经产生就不只表现在某一特定对象上，它具有广延、弥散的特点。它会在一段时间内使人的整个生活都染上某种情感色彩，每时每刻发生的心理事件都受这一情感色彩的影响。例如，心境良好时，人会觉得自己周围的环境赏心悦目；心境不良时，人则会对周围的一切都心灰意冷。所谓“忧者见之则忧，喜者见之则喜”，指的就是心境。

心境对生活、工作和学习的影响很大。积极、良好的心境可以使人振奋，工作效率高；消极、不良的心境则使人意志消沉，工作效率低。因此，为了更好地工作和学习，我们应主动调整情感状态，经常保持积极、良好的心境。

（2）激情

激情是迅猛爆发、激动而短暂的情绪状态。激情常常由意外事件或对立意向冲突所引起。激情有明显的外部表现，如愤怒时的面红耳赤、拳头紧握，狂喜时的手舞足蹈。激情可以是积极的，也可以是消极的。积极的激情可以成为激励人们积极行动的巨大动力，对学习、工作都具有重大意义，如见义勇为、舍生忘死勇救落水儿童等。反之，消极的激情会带来不良后果。在消极的激情状态下，人的认识范围狭窄，对周围事物理解能力显著降低，控制能力减弱，不能正确地评价自己行动的意义和后果，因而往往出现不顾一切的不良行为。因此，对消极的情绪我们要加以控制，适当的时候可以转移自己的注意力以冲淡激情爆发的强度，不让消极的情绪支配自己。

（3）应激

应激是在突然出现紧张情况时产生的情感状态。人们遇到某种意外危险或面临某件突发事故时，他们必须集中自己的智慧和经验，动员自己的全部力量，迅速做出反应、采取行动。这时人的身心处于高度紧张状态，即应激状态。例如，汶川大地震时，教师们临危不惧，迅速疏散学生。应激状态是行为的保护机制，但会损害人的健康。如果一个人长期处于应激状态，体内的生化环境就会失调，抵抗疾病的能力就会下降，最终将导致疾病。

（4）挫折

挫折是指在实现社会目的和个人抱负的过程中，目标活动遇到障碍或干扰，致使目的不能实现、需要和愿望不能满足时的消极情绪状态。挫折是持久的、消极的情绪体验，包括消沉、沮丧、怨恨、冷漠等。

当一个人受到挫折后，必然会有所表现，以减少内心的冲突与不安，缓解挫折情绪，取得暂时的心理平衡。这种自我心理保护措施称为心理防卫机制。心理防卫机制主要有积极的、消极的和妥协的三种形式。

1）积极的心理自我防卫形式。积极的心理自我防卫形式是对挫折的理智性对抗行为，主要有升华和补偿。升华是指对不为社会所接受的动机或欲望加以改变，并以较高境界表现出来，以求符合社会标准的要求。例如，有的人遭受情感挫折时会转向写小说、写诗、绘画等，抒发自己被压抑的情感，这就是升华。补偿是指个体在某种活动中遭受挫折，从另一种活动中谋求成功，以弥补失去的自信与自尊。例如，艺术专业的学生在文化课学习失意，而在专业课学习中取得优异成绩，以此补偿可以减轻消极情绪的压力。

2）消极的心理自我防卫形式。消极的心理自我防卫形式是非理智的对抗行为，主要表现为攻击行为。当个体受挫后常会产生愤怒情绪，从而引起攻击行为。攻击行为可分为直接攻击和转向攻击两种。直接攻击是指攻击目标直接指向造成障碍的对象。例如，受到他人无故谴责时，可能以“以牙还牙”“反唇相讥”来对付无故谴责自己的人，也可能把愤怒情绪发泄到其他人或物上，迁怒于人或物称为转向攻击。对自己缺乏信心或自卑悲观者，经常把攻击对象转向自己，责备自己无能、不争气等。

3）妥协的心理自我防卫形式。妥协的心理自我防卫形式是采取折中的办法对待其所遭受的挫折，消除心理上不平衡的自我防卫形式，主要有合理化和逃避两种。合理化是心理自我防卫机制中最常见的一种，是指当挫折使预定目标无法实现时，个体为避免精神上的痛苦和不安，找出种种借口或理由为自己的失败辩解，其表现形式有“酸葡萄”反应和“甜柠檬”反应。“酸葡萄”反应是借否定不能实现的目标的优点夸大其缺点，以维护心理平衡的防卫手段。例如，有的学生考试分数低，就说自己重能力不重分数。“甜柠檬”反应是借夸大既得利益的好处否定其缺点，以减轻未能实现目标的痛苦，如有的人丢了钱会说破财免灾以安慰自己。逃避是指受挫后回避现实，避开原来挫折情境的妥协行为。“眼不见心不烦”就是明显的逃避行为。

2. 根据情感的社会性内容分类

在人类社会历史发展过程中形成的人的情感多种多样，它具有人所特有的社会性，反映人们的社会关系和社会生活状况，并对人的社会行为起着积极或消极的作用。人的社会性情感主要有道德感、理智感和美感。

（1）道德感

道德感是一个人依据一定的道德需要和规范评价自己和他人的言行时所产生的内心体验。道德感包括对自己祖国的自豪感，对社会丑恶现象和民族敌人的仇恨感，对社会劳动和公共事务的义务感、责任感，对社会集体的集体主义感、荣誉感，对他人的同情感和对同志的友谊感等。

道德感是在人的社会实践中发生和发展的。不同历史时代、不同社会制度、不同阶级具有不同的道德标准，所以人的道德感具有历史性、社会性和阶级性。当然，也有全人类共有的道德感，如怜悯等。

（2）理智感

理智感是人在智力活动过程中认识和追求真理的需要是否得到满足而产生的情感体验。这类情感和人的认识活动、求知欲望、认识兴趣以及对客观规律的探求有着密切联系。对学生来说，理智感激励他们追求知识，保持学习的主动性和积极性，克服学习上的各种困难，为探索真理做不懈的努力。例如，幼儿在答对了教师的问题时，会产生喜悦的情感；遇到问题不会解决时，会产生疑虑的情感；当难题被解决时，又会显得非常开心。

列宁曾说过：“没有人的情感，就从来没有也不可能有人对真理的追求。”缺乏情感，便难以使认识深入。只有当人处于积极的情感状态时，才能使力量倍增，引起积极的注意、记忆、思考，以及积极钻研和认真探索。同时，在认识世界和改造世界的过程中，人会不断丰富自己的精神生活和情感体验。

（3）美感

美感是事物是否符合个人审美需要而产生的个人体验。例如，美好的音乐、幽雅的环境等都可以使人产生美的体验。

美感可来源于自然，如山清水秀的风景区、一望无际的大海等；美感也可来源于文学、美术和艺术；美感还可来源于人体自身，如动作端庄、仪态典雅等。

第二节　幼儿情绪和情感的发展

一、婴儿情绪的发展

1. 婴儿情绪的发生和分化

婴儿出生后就有情绪反应，如新生儿哭或四肢舞动，这些天生的情绪反应与生理需要是否得到满足有关。行为主义心理学创始人华生通过对多名婴儿的观察，提出新生儿的情绪反应已经分化，从新生儿的情绪表现中可以看到两种不同的情绪反应，即积极的情绪和消极的情绪，主要表现为怕、怒和爱。

2. 婴儿情绪的社会化

婴儿情绪社会化一直是情绪研究中的一个重要问题。婴儿情绪社会化既是儿童社会化的重要研究内容，也是儿童其他方面社会化发展的积极影响因素。婴儿情绪的社会化主要表现为社会性微笑和母婴依恋。

（1）社会性微笑

社会性微笑的出现是婴儿情绪社会化的开端。新生儿就有笑的反应，但最初的笑是自发性的，通常在婴儿困倦时或睡眠中发生，也被称为内源性的笑，常常在没有任何外部刺激的情况下发生。婴儿出生后 3 周左右，在婴儿清醒时抚摸其身体也能引起婴儿微笑。出生一个月左右时，婴儿对不同刺激如灯光、铃声等会产生微笑。但以上这些微笑都是反射性的微笑，不是社会性微笑。

婴儿出生 5 周后，开始对人的声音、面孔有特别的反应，每当听到大人的声音、看到大人的面孔时就会微笑，社会性微笑开始出现。第 8 周时，婴儿会对一张不移动的人脸发出微笑，但几乎对任何一张面孔都笑。4 个月时，婴儿逐渐能区分不同的个体，把母亲、家庭成员和陌生人分开，对主要抚养人母亲笑得最多，其次是对家庭其他成员和熟人，最后是对陌生人。

（2）母婴依恋

母婴依恋是婴儿情绪社会化的重要标志。在婴儿同主要抚养者的广泛接触中，婴儿同母亲的感情交流最密切，婴儿与母亲之间逐渐建立起特殊的社会性情感联结，即母婴依恋。这种依恋关系在婴儿 6、7 个月时形成。婴儿对母亲的存在更加关切，最喜欢同母亲在一起，婴儿将其多种行为，如微笑、咿呀学语、哭叫、依偎、拥抱、追踪等都指向母亲。婴儿与母亲在一起感到非常愉快，与母亲分离则会感到痛苦。

二、幼儿情绪和情感的发展

1. 情绪和情感在幼儿心理发展中的作用

（1）情绪和情感的动机作用

情绪和情感对幼儿心理活动和行为具有非常明显的动机和激发作用。幼儿的心理活动和行为的情绪色彩非常浓厚，情绪更是直接指导、调控着幼儿的行为，驱动、促使幼儿做出某些行为。例如，幼儿高兴时，能很快完成教师布置的任务，而伤心时往往会呆坐着什么也不想做。

情景再现

初入园的丝丝很快学会了放学时跟教师说“再见”，但却学不会和教师说“早上好”。这是由于丝丝早上不愿意和父母分离，缺乏向教师问好的良好情绪和动机，下午则愿意立即随父母回家，所以很快学会了“再见”。

以上情景再现表明，同样是学说话，在不同情绪影响下，学习效果并不相同。

（2）情绪和情感对幼儿的人际交往有重要作用

每一种情绪都有其外部表现，即表情，它是人与人之间进行信息交流的重要工具之一。在婴幼儿与人的交往中，表情占有特殊的、重要的地位。

新生儿几乎完全借助于他的面部表情、动作、姿态及不同的声音等，与成人进行着信息交流，相互了解，引起其与成人的交往，或者维持、调整交往。幼儿在掌握语言之前，主要是以表情作为交际的工具。在初步掌握语言之后，表情仍是幼儿重要的交流工具，它和语言共同实现着幼儿与成人、幼儿与同伴间的社会性交往。当幼儿有积极情绪情感时，其他人愿意和他交往，并在交往中得到更多的快乐。

（3）情绪和情感对幼儿个性形成有重要作用

幼儿从小具有什么样的情绪、情感，直接关系到其良好个性的形成。如果幼儿在集体中能有愉快的体验，就容易形成热爱集体和活泼、开朗的性格；相反，则易形成孤僻、冷漠的性格。儿童早期的情感发展对其个性的最终形成至关重要。儿童早期的情感创伤，可能会对其个性的形成造成严重影响。因此，教师和家长应从小培养幼儿积极的情绪情感，帮助幼儿克服、消除消极的情绪情感，为幼儿良好个性的形成打好基础。

2. 幼儿情绪的发展特点

（1）幼儿的情绪比较外露

在幼儿初期，幼儿几乎不会控制或掩盖自己的情绪，他们的全部情绪都表露于外，高兴了就笑，急了就哭。这是因为他们的抑制能力较差，自我意识不强。到大班后，幼儿对情绪的自我控制能力逐渐增强，对情绪表现的控制能力也逐渐增强。

情景再现

大班的豆豆把自己喜欢的纸飞机带到了幼儿园，却被其他小朋友撕坏了。豆豆在教师和其他小朋友面前只是撇了撇嘴，没什么大的反应。晚上妈妈来接时，豆豆马上委屈地哭起来，并告诉妈妈小朋友把她的纸飞机撕坏了。

以上情景再现中，豆豆在家长和他人面前行为表现有所不同：在父母面前较少克制，而在他人面前时则有一定的控制力。这表明幼儿已有一定的情绪调节能力。

（2）幼儿的情绪不稳定

幼儿初期，幼儿的情绪往往受情境左右，表现出极为突出的“情感共鸣”现象。例如，幼儿大声叫嚷时，其他幼儿也跟着大声叫嚷；一个幼儿表现出惧怕的情绪，其他幼儿也表现出惧怕的情绪。

情景再现

王老师在给小班幼儿讲故事，当讲到卖火柴的小女孩快要被饿死时，玲玲突然大哭起来："我不想让她死，我不想让她死。"别的小朋友也开始哭起来。等小朋友们情绪稳定后，王老师问别的小朋友为什么哭，他们却说不知道。

以上情景再现中小朋友们受到玲玲的感染跟着哭起来，表现出"情感共鸣"现象。

（3）幼儿的情绪具有易冲动性

幼儿初期的情绪容易突发、容易变动，来得猛去得快，他们不善于控制和调节自己的情绪，非常容易受外界事物的影响而冲动。这种现象在幼儿初期表现最为突出，幼儿高兴时又蹦又跳，幼儿伤心时马上泪流满面。因此，当幼儿处于高度激动状态时，成人不能要求他们立即转为平静，只能逐渐"降温"。当幼儿大哭大闹时，往往劝说也没用，成人可以给幼儿擦擦眼泪，再用温柔的口吻进行安慰，使其逐渐安静下来。成人也可以用另一种活动转移他的情绪。例如，我们经常看到幼儿因为家长不给买心爱的玩具而大哭起来，如果给他另外一个玩具，他就会破涕为笑。幼儿晚期，冲动性情绪逐渐减少，自我调节情绪的能力逐渐发展。通过家长和教师的不断教育和要求，以及集体活动的实践，幼儿逐渐学会控制自己的情绪，减少了冲动性。

情景再现

小班的凡凡和正正为玩遥控车吵了起来，正正打了凡凡一下，凡凡气得大哭，一定要打正正一下，被凡凡的妈妈阻止了，凡凡哭得更加厉害。这时，正正的爸爸拿过来一根雪糕递给凡凡，凡凡马上停止哭泣，拿起雪糕吃起来。

上述情景再现中正正的爸爸正是通过送给凡凡一根雪糕转移了凡凡的情绪。

总之，这时期幼儿的情绪是不稳定的，意识性或有意性很低。在正确的教育下，同时随着经验的增长，4 岁以后的幼儿会逐渐控制住自己的情绪，情绪的稳定性和有意性也会逐步增强。例如，在他生气和着急时，不一定哭闹；高兴时，也不一定笑出声来；当他看到同伴哭时，他可以表现出关心、同情，用手绢帮助别人擦眼泪，而自己不会像以前那样跟着哭了。

3. 幼儿高级情感的发展特点

（1）幼儿的道德感

幼儿前期的幼儿已经懂得了一些简单的行为准则，可以和周围人和睦相处，已有某些道德感的萌芽。3 岁后，特别是在幼儿园的集体生活中，随着幼儿掌握了各种行为规范，幼儿道德感逐渐发展起来。小班幼儿的道德感往往是由成人的评价引起的，得到成人的表扬就高兴，受到成人的批评就不高兴。中班幼儿对自己或别人的行为有了初步的判断，不但关心自己的行为是否符合道德标准，而且开始关心别人的行为是否符合道德标准，从而对自己或他人的具体行为产生肯定或否定的情绪体验。例如，中班幼儿常常“告状”，就是由道德感激发起来的行为。大班幼儿的道德感进一步发展和复杂化，他们对好与坏、好人与坏人有区分鲜明的情感，他们开始形成初步的热爱祖国、爱小朋友、爱集体等情感，并已经有了一定的稳定性。

（2）幼儿的理智感

幼儿的理智感主要表现在对周围环境和事物的好奇和兴趣而产生的体验，最突出的表现是喜欢提问题。小班幼儿喜欢问“这是什么”“那是什么”，大多是从直接的求知过程体验理智感。中班幼儿则喜欢从探讨的求知过程中体验理智感，除了问“是什么”之外，还关心“为什么”。大班幼儿更多通过各种智力活动和读幼儿读物体验理智感。

（3）幼儿的美感

幼儿美感的发展和他们的认识能力紧密相关。小班幼儿的美感通常是对具体对象的直接感知而产生的体验，主要是对颜色鲜明的东西、新的衣服鞋袜等产生美感。例如，妈妈买了件黑色的上衣，问小班的红红好看不好看，红红摇摇头说：“不好看，你上次那件红色的大衣才好看呢。”随着年龄的增长，幼儿开始从各个具体事物之间的关系上体验美感，如色彩的协调搭配、音调之间的和谐等。在教育和环境的影响下，大班幼儿已能判别什么是美，美感有了进一步的发展。

三、幼儿良好情绪和情感的培养

1. 对幼儿的消极情绪和情感应及时引导

幼儿积极情绪的养成不是立竿见影的，而是在长期、耐心的正面引导和等待下形成的。刚入园的幼儿情况相差很多，有的自理能力很差，有的则有一定的自理能力。在这种情况下，自理能力差的幼儿有时会产生一些消极情绪。例如，中午起床时总会有个别幼儿动作很慢，看别的幼儿都走了，他就会非常难过。在这种情况下，教师应耐心地进行引导，可以对幼儿说："宝宝不急，老师会帮助你的，先自己慢慢地来……"

2. 消除幼儿不良情绪，缓解情感压力

在生活中，幼儿难免会遇到新奇、陌生或恐惧的事情而产生情感压力。例如，有的幼儿在幼儿园里总受其他小朋友欺负，但没有勇气告诉教师，于是自己整天闷闷不乐。还有的家长对幼儿的期望过高，幼儿感到力不从心，于是产生很大的压力，从而会垂头丧气。当遇到这些情况时，教师要尽快和家长沟通，了解幼儿所生活的家庭环境，调查幼儿在家和在幼儿园的不同表现，和家长共同找出解决问题的办法，帮助幼儿消除不良情绪，给予幼儿抚慰，恢复其愉快心境。

情景再现

小班的凡凡在中午睡觉前老往厕所跑，细心的王老师很快发现了这一情况。经观察，凡凡的小便情况极不正常，每次总是尿一点点。王老师及时与家长进行沟通。经了解，凡凡在家小便正常。在家长和教师的共同努力下，凡凡的问题得到解决。原来凡凡是因为教师说中午睡觉后不能再上厕所，心里害怕，所以情绪特别紧张。后来，教师采取了一些措施，允许凡凡在睡觉后起来上厕所。一周后，凡凡的问题得到顺利解决。

以上情景再现中，教师发现问题后通过及时和家长进行沟通，找到解决问题的办法。

3. 让幼儿学会正确表达情绪和情感

幼儿有了不良情绪和情感，一般会变得比较沉默，如果能通过恰当的途径表达出来或者宣泄出来，幼儿便会活泼起来。尤其是离异家庭和有心理缺陷的幼儿，本身就容易自卑沮丧，如果遇到一些问题又闷在心里，就很容易精神紧张。对这样的幼儿，教师应想方设法培养其兴趣，发挥其特长，通过一些活动让幼儿把情感表达出来，使每个幼儿都能在轻松愉快的环境下成长。例如，有的幼儿受同伴多次嘲笑，终于在某一天向教师告状，教师应认真倾听，静静等待幼儿将不良情绪发泄出来。

四、幼儿高级情感的培养

1. 通过开展多种活动培养幼儿爱祖国、爱集体、爱劳动的情感

在日常活动中，教师可以带幼儿去感受大自然的美景，或者让幼儿观看祖国大好河山的视频和图片，让幼儿萌发爱祖国、爱家乡的情感。对平时热爱劳动的幼儿，教师要适时表扬，号召全班幼儿向榜样学习，培养幼儿爱集体、爱劳动的情感。

2. 通过有目的的教学活动培养幼儿团结、友爱、诚实、勇敢等优良品德

现在的大多数幼儿都是独生子女，比较自私，不懂得与别人分享，意志力较为薄弱。教师可以组织一些教学活动教幼儿学会分享，也可以向幼儿讲一些有关诚实、勇敢的故事，以培养幼儿的优良品德。

3. 保护幼儿好奇心，激发求知欲，培养幼儿的理智感

教师和家长应经常鼓励幼儿多提问、多思考，激发幼儿的求知欲，让幼儿参加他们喜爱的各种智力游戏，如下棋、猜谜语、拼搭大型建筑物等。这些活动既能满足他们的求知欲和好奇心，又有助于促进其理智感的发展。在幼儿有了进步之后，家长和教师应及时进行表扬。有一位母亲给幼儿买了一只玩具手枪，结果幼儿给拆散了，母亲大发雷霆，正要去打幼儿时，陶行知说："中国又一个爱迪生被你给枪毙了。"听完陶行知的话，这位母亲十分后悔。每一个幼儿都有好奇心，我们可以充分利用这一特点，让幼儿多参加一些创造性的活动，如画画、做手工、搭积木等，培养幼儿的探索精神。当幼儿在活动中获得成功时，就会非常高兴，从而促进理智感的发展。

4. 利用音乐、美术和文学作品陶冶幼儿情操

为了让幼儿在幼儿园的环境中得到良好的成长，可以让幼儿听一些优美的歌曲、欣赏一些美术作品等。家长和教师还可以每天给幼儿讲一些动听的故事，通过生动感人的故事情节培养幼儿的美感。

思考·练习

一、简答题

1. 如何培养幼儿良好的情感?

2. 简述幼儿情感发展的主要特征。

二、案例分析

3 岁的小明上床睡觉前非要吃糖，妈妈反复向他讲睡觉前不能吃糖的道理，小明就用高八度的嗓门哭起来，妈妈生气地说：“再哭，我打你。”小明不但没有停止哭叫，反而情绪更加激动，干脆在床上打起了滚儿。

请分析妈妈该如何帮助小明控制情绪。

第九章 幼儿的意志

学习目标

- 了解意志的含义及幼儿意志发展的特征。
- 理解幼儿意志培养的重要性。
- 掌握幼儿意志的培养方法。

第一节 意志概述

一、意志

意志是自觉地确定目的，并根据目的来支配调节自己的行为，克服各种困难，从而实现目的的心理过程。意志过程包括两个阶段：准备阶段和执行阶段。

在准备阶段，个体主要从思想上权衡不同的方向或代价，确定行为的目的，选择行为的方法，并做出行动的决定。例如，幼儿在自由活动时间，要选择是搭积木还是滑滑梯；在选择搭积木之后，还要选择是自己一个人玩还是跟其他小朋友一块儿玩等。

在执行阶段，个体要克服自我内部及外部的各种困难和阻力，采取行动，总结经验，坚持行动，达到目标或修改目标，并提出新的目标，发动新一轮的行动。例如，幼儿在搭积木的过程中，事先确定搭一座桥，遇到一些困难，后来发现其他人搭的房子又快又好，但仍然坚持把自己的桥搭好之后再去搭房子。

情景再现

幼儿园里，老师正给幼儿讲故事：小兔灰灰跟着马老师学习长跑，他们穿过了一片小树林，又越过了一座小山坡。不久，灰灰就累得汗流浃背了，他多么希望能够停下来好好休息一会儿啊。灰灰渐渐落后了，一不小心被一根树枝狠狠地绊倒在了地上。这一下可摔得不轻，连新裤子都磨破了，灰灰痛得大声哭了起来。马老师听到哭声马上返了回来，说："灰灰，坚持才能胜利，遇到一点儿困难就退缩肯定不行。"灰灰听了老师的话，从地上爬起来，树上的小鸟也鼓励道："灰灰，加油！你一定会成功的。"灰灰点了点头，擦干眼泪，继续向前跑。

以上情景再现中，小兔灰灰摔倒之后，在马老师和小鸟的鼓励下爬起来，擦干眼泪，继续前行，体现了幼儿意志的培养和发展需要成人及同伴的鼓励和支持。

二、意志行动

1. 意志行动的概念

如果说感知觉是外部刺激向内部意识的转化，那么，意志过程就是内部意识向外部行为的转化。意志过程总是要伴随着行动，并指向外部的特定目标。意志过程中所表现出来的行动称为意志行动。

2. 意志行动的特征

（1）意志行动有明确的预定目的

意志过程之所以是区分人和动物的一个方面，是因为意志有自觉目的性。但并非所有的人类行为都有预定目的。例如，人的一些非条件反射控制的本能活动（如吞咽、咳嗽、手遇针刺缩回、目遇强光闭眼等）及一些下意识的动作（如吹口哨、自言自语、摇头晃脑等），都不受意识控制，没有明确的目的性，不属于意志行动。除此之外，那些有明确的行动目的，并在该目的支配和调节下的行动才是意志行动。有的幼儿为获得小贴画而认真听课，有的幼儿为在比赛中拿奖放弃好看的动画片等，都属于意志行动的范畴。

（2）意志行动以随意运动为基础

随意运动是指受意识支配的具有一定目的性和方向性的活动，通常是一些已经熟练掌握的动作。例如，运动员自如地运球上篮，学生熟练地屈膝做操，画家持笔作画，音乐家操琴谱曲，都是意志行动的表现。意志行动离不开个体行为，但个体行为表现并不见得都是意志行动。一般来讲，随意运动越熟练，掌握程度越高，意志行动也就越容易实现。所以，已经学过一段时间围棋的幼儿比初学围棋的幼儿更能坐下来，静心地下棋。

（3）意志行动与克服困难相联系

虽然人们在生活中的一些意志行动是轻而易举的，无须克服困难，如手指当空画圈、随意扭腰摆臂、扳动开关、拿起书本等。但人们评价意志行动的时候，往往将它与是否克服了困难相联系。运动员伤病在身，仍坚持在训练中扭腰摆臂，克服了一定的困难，更容易被人们视作意志行动的表现。此外，建筑工人冒着酷暑施工，清洁工人顶着严寒工作，都是为达到一定目的而去克服困难的意志行动。

知识卡

意志行动中的心理冲突

1. 双趋式冲突

双趋式冲突又称为正冲突，是指对个体存在两个具有同样吸引力的目标，但两者却不可兼得，只能选择其中的一个目标而引起的内心难以取舍的冲突，也就是所谓的“鱼和熊掌不可兼得”。

人们在面临双趋式冲突时，往往“两利相权取其重”。正如孟子所说的“鱼，我所欲也；熊掌，亦我所欲也。二者不可得兼，舍鱼而取熊掌者也。生，亦我所欲也；义，亦我所欲也。二者不可得兼，舍生而取义者也。”一般来说，双趋式冲突不难解决，只要稍增大其中一个目标的合意程度，就会使人趋向这一目标。但有的人并不清楚自己的价值判断，所以面临双趋式冲突时会有较长的时间陷于左右为难的心理矛盾状态；或者是仓促做了选择之后，又为所舍弃的目标而惋惜后悔。如果长期陷入这种状态，则容易出现心理问题。

2. 双避式冲突

双避式冲突又称负冲突，是指对个体同时存在两个不利的目标选择，个体对这两个选择都想躲避，但受条件所限，只能避开一种而选择另一种，所以在做抉择时内心产生矛盾和痛苦，也就是陷入“前有狼，后有虎”的情景。

在双避式冲突中，人们往往会“两害相权取其轻”。但也有人会对这样的情境“无行动”“无决定”。这类冲突给人的压力很大，使人找不到正面解决问题的办法。所以，有时人们会完全抛开产生冲突的情境，做出“脱离现场”的反应，这是得到解脱的另一种方式。

3. 趋避式冲突

趋避式冲突又称正负冲突，是指同一目标对个体来说既有利又有弊，既有吸引力又有排斥力，所以个体对这一目标同时具有趋近和逃避的心态，从而陷入进退两难的心理困境。

趋避式冲突在现实生活中最为常见。例如，你喜欢巧克力但又怕吃了会长胖，希望考试能考高分但又觉得读书太辛苦，想玩游戏但又怕受到父母的批评等。

面临趋避式冲突时，个体会判断和分析其中的利弊得失。对于利的一面，个体会有趋近的动机；对于弊的一面，个体会有回避的动机。当趋近动机和回避动机的强度相当时，个体会处于彷徨和高度不安的状态。

在现实生活中心理冲突多是以这三种心理冲突形式的复杂形式出现的，如双趋避式冲突。双趋避式冲突是指同时存在两个利弊参半的目标选择而带来的矛盾和冲突。

在生活中，我们经常会面临多个选择，但不论哪个选择都不可能是十全十美的，即每个选择都包含有吸引个体的因素，又包含有个体想避开的因素。例如，一些家长在给孩子选择幼儿园时，感觉好一些的幼儿园离家远接送不方便，而离家近接送方便的幼儿园又觉得不太满意。

三、意志品质

个体在意志过程中表现出来的意志品质各不相同。一般把意志品质归纳为自觉性、果断性、自制性和坚持性四个方面。

1. 自觉性

自觉性是指一个人在行动中具有明确的目的性，认识到行动的社会意义，自觉调节行动的品质。意志的自觉性以坚定的信念和科学的世界观为基础。具有自觉性的个体不会轻易受外界的干扰和影响，信念坚定，能接受有益的意见，能克服困难去执行决定。

2. 果断性

果断性是指一个人善于明辨是非，适时而合理地采取决定并执行决定的品质。具有果断性的人，能全面、深刻地考虑行动的目的和方法，在动机斗争时能当机立断，在行动时敢作敢为、及时行动、毫不动摇，在不需要立即行动或情况发生变化时能立即终止已经做出的决定。

3. 自制性

自制性是指一个人善于控制自己情感，约束自己言行的品质。自制性集中反映出意志的抑制功能。自制性强的人，一方面善于控制自己或迫使自己去执行所做出的决定，自觉地调节自己的言论和行动；另一方面善于控制自己的情绪冲动，保持情绪的稳定，表现出应有的忍耐性。

4. 坚持性

坚持性是指一个人在执行决定时，以充沛的精力和顽强的毅力，百折不挠地克服重重困难、坚持到底的品质。具有坚持性品质的人经得起长期的磨炼，不顾挫折和失败，锲而不舍，抵制各种干扰，不达目的誓不罢休。

上述四种意志品质相互联系、相互渗透，其中坚持性被认为是其他三种品质的综合表现。意志品质反映了一个人意志力的发展水平。在现实生活中，不同的人意志品质的发展水平不同，具有较大的个别差异。

四、幼儿意志的发展特点

8 个月左右的婴儿看见一个物体，因隔着一个坐垫而拿不到手时，他会做出一定的努力去挪开那个坐垫，把东西拿到手。这可以说是意志行动的萌芽。到了幼儿期，意志有了较大的发展，表现出以下特点：

1. 目的性逐渐明确

幼儿初期，幼儿的行动往往缺乏明确的目的，带有很大的冲动性。3 岁的幼儿做了错事，若问他为什么这样做，他会很茫然，因为他并没有行动目的。

幼儿中期，幼儿的行动目的逐渐形成。在成人的组织下，幼儿逐渐学会提出行动目的，开始尝试在某些活动中预想行动的结果、确定活动的任务。

幼儿末期，幼儿已经能够提出比较明确的行动目的。这个时期的幼儿，不仅能提出个人的目的，还能提出共同的目的；不但能较好地使自己的行动服从成人的指示，而且能较好地服从自己提出的目的。周围环境对他们的影响相对减弱，而语言指示、目的任务对他们的制约力相对增强，他们的行动具有较明显的目的性。

2. 坚持性不断提高

3 岁幼儿坚持性发展的水平很低，他们坚持的时间很短。在实现目的的过程中，如果遇到小小的困难，或者任务比较单调枯燥，他们一般会放弃坚持完成任务的愿望和行动。

幼儿中期，坚持性发生了明显的质变。在感兴趣或取得成绩的活动中，他们坚持时间较长，而对不感兴趣或很难有成就感的活动坚持性较差。这一时期，外界条件对幼儿坚持性的影响最大。因此，成人应有意识地培养和训练幼儿活动的坚持性，如手工课上教幼儿折纸，既锻炼了幼儿的小肌肉，又能提高其坚持性。

到了幼儿末期，大班幼儿的坚持性才逐渐稳定，无论是对自己感兴趣的活动还是较为困难的活动，都能表现出一定的坚持性。

3. 自制力逐渐增强

自制力是指控制和支配自己行为的意志品质。幼儿的自制力总的来说比较弱，他们不善于控制、支配自己的行动，常常表现出很大的冲动性和较多的“不听话”现象。

小班幼儿上课时，会插话、做小动作；户外活动时，会挤前边的小朋友；游戏时，会争抢玩具。诸如此类的事情，在幼儿园小班经常可见，在中班也时有发生。这反映了学前阶段的幼儿尚缺乏一定的自制力。但是，在正确教育的影响下，学前幼儿也学习着控制、调节自己的行为。

从中班开始，幼儿开始有自制力的表现。例如，幼儿上课时坐直，眼睛看教师，手、脚不乱动；午睡时不说笑、逗闹，手放在被子里；玩玩具时能互相谦让；上下楼时能安静地、慢慢地走。

到大班时，幼儿的自制力进一步发展。不少 5、6 岁的幼儿能比较主动地控制自己的愿望和行动，努力使之符合集体的行为规则和成人的各项要求。

第二节 幼儿意志的培养

一、意志在心理发展中的作用

影响一个人成才与否的因素，除智力外，意志也很关键，有时甚至起到决定作用。因此，在对幼儿进行早期教育时，必须重视对幼儿意志的培养，将智力开发与意志培养一起抓，使幼儿从小具有良好的意志品质，为其将来取得成就奠定良好的基础。

心理实验

20 世纪 60 年代，美国心理学家瓦特·米伽尔给一些 4 岁幼儿每人一颗非常好吃的软糖，同时告诉幼儿可以吃糖，如果马上吃，只能吃一颗；如果等 20 分钟，则能吃两颗。有些幼儿急不可耐，马上把糖吃掉了。另一些幼儿却能等待对他们来说是无尽期的 20 分钟。为了使自己耐住性子，他们闭上眼睛不看糖，或头枕双臂、自言自语、唱歌，有的甚至睡着了。

实验结论

实验中那些耐心等待的幼儿既要克服糖的诱惑，又要克服其他急不可耐的幼儿吃糖的引诱，同时还要承担 20 分钟后能否得到两块糖的风险，但他们耐住性子，运用各种方法，最终吃到了两颗糖。在他们身上可以看到这个年龄幼儿难能可贵的意志品质。

随着研究的继续，在 14 年后，研究人员再次调查，发现：当年马上吃糖的幼儿成年后缺乏自信、不好相处；而等 20 分钟再吃糖的幼儿成年后有主见，且学业出众。

二、幼儿意志的培养方法

1. 制定切实可行的目标

教师和家长应该指导和帮助幼儿制定短暂和长远的目标，使幼儿有努力的方向。幼儿心中有了目标，有了“盼头”，就会为实现目标而努力，表现出坚毅、顽强和勇气。

但目标一定要具体、切实、可行，太难或太容易实现的目标都不能使幼儿的意志得到锻炼。另外，目标如果合理，那就应当要求幼儿坚决执行，直到实现为止，不可迁就，更不能半途而废。

2. 提供克服困难的机会

对待幼儿要善于放手锻炼，结合幼儿的日常生活及学习、劳动等活动形式，对幼儿进行有意识的培养，从对幼儿的生活习惯培养开始，如穿脱衣服、刷牙、吃饭、收拾玩具等，使幼儿按照一定要求独立完成并坚持下去。通过一些日常生活习惯的锻炼，可以增强幼儿行为的独立性与自制性。成人要给幼儿这样的机会，让他们在锻炼中成长。教师充当的角色是鼓励者、伙伴、保护者。教师要积极引导幼儿自己去克服困难，若急于给予幼儿同情和帮助，长期下去就会抹杀幼儿坚强的意志力。因此，教师要适时放手让幼儿去实践，在实践的过程中锻炼意志，增强战胜困难的勇气和信心。

3. 游戏当中培养幼儿意志

游戏是幼儿的基本活动，教师要善于利用幼儿喜欢做游戏这一心理，在游戏中对幼儿加以引导，培养幼儿的意志。例如，教师组织幼儿学做解放军站岗的游戏、猜谜、做手工或做一些轻松但费时的劳动等，都能使幼儿在轻松、愉快的气氛中得到意志的训练。

心理实验

苏联学者马努依连柯著名的“哨兵站岗”实验，以4～6岁的幼儿为被试对象，实验要求他们在空手的情况下保持哨兵持枪站岗的姿势。实验设置了两种情境：游戏情境和非游戏情境。游戏情境中，实验者以游戏的方式向受试者提出要求：“工人”在“工厂”包装糖果，你来当哨兵，站在“工人”旁边，为保护工厂而站岗；非游戏情境：其他小朋友在玩耍，让受试者在旁边站岗。结果表明：在游戏情境中，幼儿坚持站立不动的时间远远超过非游戏情境下站立不动的时间，见表9–1。

表9–1　不同年龄幼儿在游戏情境和非游戏情境中站立不动的时间对比

年龄	非游戏情境	游戏情境
4～5岁	41秒	4分17秒
5～6岁	2分55秒	9分15秒

实验结论

该实验充分说明了用游戏来培养幼儿的坚持性等品质是十分有效的。

4. 为幼儿树立榜样

幼儿好模仿，尤其喜欢模仿电影、电视、故事中的榜样。榜样有一定的形象，具有可模仿性，正适于幼儿的特点。家长和教师可以通过讲故事、看电影和阅读等方式，让幼儿学习典型人物的坚强意志力。当幼儿的意志活动出现消极转变时，成人把幼儿熟悉的榜样提出来："某某是怎么做的?"这样幼儿很容易受到榜样的感染，从而促进意志活动的顺利完成。

5. 鼓励幼儿做好每一件事

对幼儿而言，他们的行动目的性和计划性不是很强，经常做事有头无尾、半途而废。所以，教师应鼓励幼儿自始至终做好每一件事。另外，幼儿的年龄小，做事易受外部环境影响，遇到困难就会丢下手中的事去干别的。对待这种情况，教师一定不要迁就，而要及时表扬幼儿已取得的成绩，帮助幼儿克服行动的困难，鼓励幼儿做完手中的事再去干别的，这是指导幼儿进行意志锻炼的重要手段。赞扬、鼓励可以鼓舞勇气，提高信心，有利于意志的锻炼。在幼儿完不成计划时，教师要进行具体分析，切不可说"我就知道你完不成任务""我早就说你没常性"等话；否则，只能增加幼儿的挫折感，使幼儿最终失去自信心。

6. 加强幼儿教师自身修养

幼儿时期，幼儿并不一定要学会多少知识，而更多的是其行为的养成和人格的形成。此时，教师的言行举止具有不可抗拒的、潜移默化的影响。幼儿每天大部分时间生活在幼儿园这个环境中，与教师朝夕相处，他们的游戏、学习、生活都由教师指导、管理和培养。在幼儿心中，教师是无所不能的权威。教师的威信是父母和社会其他成员远远无法与之相比较的。幼儿总是习惯模仿教师的言行，并把自己的言行同教师的言行相比较。因此，要培养幼儿的意志力，幼儿教师必须加强自身修养，具备健全的人格和高尚的道德品质。

培养幼儿坚强的意志品质，尤其需要家长和教师的榜样力量。如果家长懒懒散散、生活懈怠，教师做事没有信心、经常半途而废，那么幼儿的意志品质是难以培养的。

思考·练习

一、简答题

1. 意志行动的特征是什么?

2. 幼儿意志发展的特点有哪些?

二、实践活动

请你向一位有经验的幼儿教师咨询在哪些活动中需要注意对幼儿意志的培养，并进行总结。

三、案例分析

英国有约1.35万家麦当劳，拥有它们的是一个叫琼森的人。当初琼森只是一个打工者，根本无法具备麦当劳总部所要求的75万美元现款和一家中等规模以上银行信用支持的苛刻的加盟条件。只有5万美元存款的琼森决意要在英国开创麦当劳事业，但5个月里他只借到4万美元。面对巨大的资金落差，琼森没有放弃，偏要迎难而上。

他叩响了伦敦银行总裁办公室的大门。在听完他的表述后，银行总裁说:“让我再考虑考虑吧。”琼森心头掠过失望，但立刻镇定下来说:“可否让我告诉你我那5万美元的来历呢?”银行总裁同意了。“那是我6年来按月存款的收获，我每月坚持存下1/3的工资，从未间断。6年里，无数次面对过度紧张或手痒难耐的尴尬局面，我都咬紧牙关挺了过来。我立下宏愿，存够10万美元开创自己的事业，现在机会来了，我要提前开创事业。”

送走琼森后，总裁立即亲自了解琼森的存钱情况。果然6年来琼森风雨无阻地准时存钱，总裁大为动容，打通琼森的电话，告诉他伦敦银行可以毫无条件地支持他创建麦当劳事业。

请思考:在意志坚强的琼森身上，体现了哪些意志品质?

第十章 幼儿的个性

学习目标

- ◆ 理解个性和自我意识的概念。
- ◆ 掌握幼儿自我意识、气质、性格、能力的发展特点及其培养。

第一节 幼儿个性概述

一、个性的概念

一般来说，个性就是个性心理的简称，在西方又称人格。心理学中的个性概念与日常生活中所讲的个性不同，日常生活中的个性指的是人的个别性、特殊性或个别差异，心理学中的个性指的是一个人在一定社会条件下形成的比较稳定的、具有一定倾向性的心理特征的总和。人与人之间个性的差异主要体现在每个人待人接物的态度和言行举止中，行为表现更能反映一个人真实的个性。

情景再现

大宝和二宝是孪生兄弟，刚入园时教师们在相貌上分不出谁是谁，但和他们接触一段时间后，通过观察他们的神态、动作、语言等就能把他们区别开来。他们这种存在于行为各个方面而不是相貌方面的不同，就是人与人之间个性的差异。

二、个性的结构

个性是一个复杂、多侧面、多层次的动力结构系统，包括个性倾向性系统、自我意识系统和个性心理特征系统。

个性倾向性系统包括需要与动机、兴趣、志向、世界观等要素。需要是指当有机体内部处于缺乏或不平衡状态时力求得到满足的心理倾向。它是由个体对某种客观事物的要求引起的，这种要求可能来自有机体的内部，也可能来自个体周围的环境。

按照需要的内容不同，可以将需要分为生理需要和社会需要。生理需要是保存有机体生命和种族延续所必需的，如饮食、睡眠等需要。社会需要是指与人的社会生活相联系的一些需要，如知识、人际交往、友情的需要等。

按照需要的对象不同，可以将需要分为物质需要和精神需要。物质需要是指人对物质的需求，包括对衣、食、住、行有关物品的需要。精神需要是指人对社会精神生活及其产品的要求，包括对知识、文化艺术、审美的需要等。

知识卡

马斯洛需求层次理论是人本主义科学的理论之一，由美国心理学家亚伯拉罕·马斯洛于1943年在《人类激励理论》论文中提出。书中将人类需求分为五种，分别是生理需求、安全需求、社交需求、尊重需求和自我实现需求。人有五个层次的需求，从最低级的生理需求（食物、水、空气、衣服等），依次经过安全需求（安全、健康保证）、社会需求（亲情、友情）、尊重需求（成就、自我尊重、被他人尊重），到最高层次的自我实现需求（价值观、引导力）。通常人们只有在较低层次的需求得到满足后，才会追求较高层次的需求。五种需求像阶梯一样从低到高，按层次逐级递升，但次序不是完全固定的，可以变化，也有种种例外情况。

自我意识包括自我评价、自我体验、自我监控三个方面。而个性心理特征系统是个性独特性的集中表现，包括气质、性格、能力等心理成分。

幼儿个性的发展主要表现在自我意识、气质、性格及能力的发展。

三、个性的特征

1. 独特性

每一个人都有不同的遗传素质，又在不同的环境条件下发育成长，因而各人都有自己独特的心理特点，没有两个人的人格是完全相同的，这就构成了个性的独特性。如同世界上很难找到两片完全相同的叶子一样，世界上也很难找到两个完全相同的人。

强调个性的独特性，并不排除个性的共同性。个性的共同性是指某一群体、某个阶段或某个民族在一定的群体环境、生活环境、自然环境中形成的共同的、典型的心理特点。正是个性具有的独特性和共同性才组成了一个人复杂的心理面貌。

2. 整体性

个性的整体性是指包含在人格中的各种心理特征彼此交织、相互影响，构成一个有机的整体。它虽然不能直接观察到，但表现在行为中，让人的各种行为所表现出来的特征是一个整体，体现了它独特的精神风貌。

3. 稳定性

个性的稳定性是指个体的人格特征具有跨时间和空间的一致性。在个体生活中暂时的偶然表现的心理特征，不能认为是一个人的个性特征。例如，一个人在某种场合偶然表现出对他人冷淡、缺乏关心，不能依此认为这个人具有自私、冷酷的个性特征。只有一贯的、在绝大多数情况下都得以表现的心理现象才是个性的反映。所谓“江山易改，禀性难移”，说的就是个性具有稳定性。个性的稳定性并不是说个性不会发生变化，实际上随着社会生活条件的变化和一个人的发育成熟，他的人格特点会发生或多或少的变化。特别是生活中经历的重大事件或挫折，往往会在个性上留下深刻的烙印，从而影响个性的变化，这就是个性的可塑性。当然，个性的变化比较缓慢，不可能立竿见影。

由此可见，个性既具有相对的稳定性，又具有一定的可塑性。教师要充分认识到这一点，履行教育职责时才能有耐心和信心。

四、个性的形成

个性既不是天生的，也不是人在出生后就立即形成的，而是逐步形成和发展起来的。个性在个体的心理过程、心理成分发生发展的基础上形成。个性形成的过程是漫长的：2 岁左右，个性逐渐萌芽；3 ~ 6、7 岁是个性形成过程的开始时期；18 岁左右时，个性基本定型，但人的个性定型后还有发生变化的可能。

我们说幼儿期是个性开始形成的时期，其根据是：这一阶段已经明显出现了个性所具有的各种特点；个性的各种结构成分，特别是自我意识和性格、能力等个性心理特征已经初步发展起来；有稳定倾向性的各种心理活动已经开始结合成为整体，形成个人独特的个性雏形。

幼儿期幼儿心理活动的特性都得到了明显的发展，同时作为个性组成部分的三大方面都已有了明显的表现。

1. 形成一个完整的主观世界

幼儿期幼儿的各种心理现象开始表现齐全，幼儿心理的各个方面已经形成了一个比较完整的系统，开始形成一个完整的主观世界。婴儿刚出生时，主要靠本能来维持生命，心理刚刚开始发生，只具备简单的感觉现象（微弱的视力、听力及嗅觉、味觉等）。随着年龄的增长，幼儿逐渐出现记忆、想象、思维等心理现象。3 岁前是幼儿的各种心理现象逐渐发生的时期，但这时幼儿的心理活动是零散的、混乱的。到了幼儿末期，幼儿调节、控制自己行为的能力逐渐增强，开始能够按照一定目的、计划去活动。由此可以看出，幼儿期心理活动开始具有系统性、完整性的特点。

2. 心理活动独特性形成

幼儿期，心理活动独特性形成，幼儿间的个别差异日益明显，并逐渐稳定。幼儿的个性特征已显示出明显的差异。幼儿的气质已有明显不同，幼儿智力的差异及特殊能力也开始显露，特别是作为个性特征核心成分的性格开始形成。同时，幼儿的个人特点在不同的情境中表现渐趋稳定。幼儿期的这种差异成为幼儿日后发展的基础。

3. 心理活动积极能动性开始形成

积极能动性对幼儿心理的各个方面产生巨大的影响。在自我意识方面，幼儿对自己的评价及相应的自信心已经表现出差异，如有的幼儿对自己充满信心，有的幼儿遇事退缩；有的幼儿能够控制自己，有的幼儿自制力较差。自我意识的高低直接影响幼儿的学习、生活和发展。在兴奋、爱好方面，有的幼儿对事物充满好奇、喜欢探索，有的幼儿则对什么都不表现出特别的喜欢。幼儿的兴趣是影响其学习效果最主要的因素，因此兴趣强的幼儿会有更好的发展。

第二节 幼儿自我意识的发展和培养

一、自我意识的概念

自我意识就是人对自己和自己心理的认识。自我意识包括三个层次：对自己及其状态的认识；对自己肢体活动状态的认识；对自己思维、情感、意志等心理活动的认识。自我意识是一个人对自己的认识和评价，包括对自己心理倾向、个性心理特征和心理过程的认识与评价。正是由于人具有自我意识，才能使人对自己的思想和行为进行自我控制和调节，使自己形成完整的个性。

自我意识不仅仅是人脑对主体自身的意识与反映，同时由于人的发展离不开周围环境，特别是受人与人之间关系的制约和影响，因此自我意识也反映人与周围现实之间的关系。

自我意识是人类特有的反映形式，是人的心理区别于动物心理的一大特征。

二、自我意识的组成部分

1. 自我评价

自我评价是主观自我对客观自我的认识与评价，是自己对自己身心特征的认识。自我评价的正确与否对个人的心理生活及行为表现有较大影响。如果个体对自身的评价与社会上其他人对自己的客观评价相差过于悬殊，就会使个体与周围人之间的关系失去平衡，产生矛盾，长此以往，个体将会形成稳定的心理特征——自满或自卑，这将不利于个人心理的健康成长。自我认识在自我意识系统中具有基础地位，属于自我意识中“知”的范畴，其内容广泛，涉及自身的方方面面。

2. 自我体验

自我体验是由主体对自身的认识引发的内心情感体验，是主观的“我”对客观的“我”所持有的态度，如自信、自卑、自尊、自满、内疚、羞耻等。自我体验往往与自我认知、自我评价有关，也与自己对社会的规范、价值标准的认识有关。良好的自我体验有助于自我监控的发展。进行自我体验训练，就是让个体有自尊感、自信感和自豪感，不自卑、不自傲、不自满，随着年龄增长让个体懂得做错事感到内疚、做坏事感到羞耻等。

3. 自我监控

自我监控是自己对自身行为与思想言语的控制，具体表现为两个方面：一方面是发动作用；另一方面是制止作用，也就是支配某一行为，抑制与该行为无关或有碍于该行为进行的行为。进行自我认知、自我体验的训练目的是进行自我监控，调节自己的行为，使行为符合群体规范，符合社会道德要求，通过自我监控调节自己的认识活动，提高学习效率。为提高自我监控能力，重点应放在促使一个转变上，即由外控制向内控制转变。

三、幼儿自我意识发展的特征

1. 自我意识的发展阶段

自我意识的发展需要经过以下几个阶段。

（1）自我感觉阶段

在出生后的第一年中，婴儿还不能把自己和周围世界区分开，不能意识到自己的存在，往往把自身和周围的东西看作是同样的物体。婴儿经常玩弄自己的手指和脚趾，有时扯自己的头发，有时甚至啃自己的脚趾。

（2）自我认识的发展

到婴儿末期，婴儿开始逐渐认识自己身体的各个部分，逐渐把自己身体的各部分和身体外的物体区分开。在婴儿学说话时，成人可以教给他身体各部分的名称，婴儿就会慢慢形成对身体各个部分的认识。例如，当妈妈问："宝宝的鼻子在哪儿啊?"婴儿就会摸摸自己的鼻子。

（3）自我意识的萌芽阶段

随着年龄的增长，幼儿逐渐意识到自己身体的内部状态，口渴时会找水喝，身体不舒服时会告诉家长等。这一现象大约到 2 岁开始发生。这时幼儿也能把自己名字与身体相联系，但当提到自己时，还往往像谈论别人那样，如说"明明要喝水""明明痛"等，常用具体的名字称呼"我"。在成人的指导下，大约到幼儿前期末幼儿才逐渐会用人称代词的第一人称"我"，说"我要喝水""我痛"等，再一次明确地把自己和别人区分开。幼儿在 2 ~ 3 岁的时候掌握代词"我"，是幼儿自我意识萌芽的重要标志。

（4）自我意识各方面的发展阶段

到幼儿初期，幼儿开始出现对自己内心活动的意识，常常表示自己的主张。例如，当成人的要求不符合幼儿的意愿时，幼儿常常会说“不”“偏不”等。

心理实验

阿姆斯特丹借用动物学家盖勒帕在黑猩猩研究中使用的“点红实验”（测定黑猩猩是否觉知“自我”这个客体）研究婴幼儿自我觉知。在婴幼儿（3～24 个月）毫无觉察的情况下，在婴幼儿鼻子上涂个红点，然后观察婴幼儿照镜子时的反应。

实验结论

如果婴幼儿在照镜子后能立刻发现鼻子上的红点，并用手去摸它，表明婴幼儿已能将自己的形象和加在自己形象上的东西区分开，这种行为可作为自我认识出现的标志。24 个月大的幼儿几乎都会利用镜中影像去抹掉不属于自己的“红点”。

2. 幼儿期自我意识的发展特征

幼儿期自我意识主要表现在自我评价、自我体验和自我控制上。自我评价就是一个人对自己的评价。自我体验是一个人通过自我的评价和活动产生的情感上的状态，如自尊心、自信心等。自我控制反映的是一个人对自己行为的调节、控制能力，包括独立性、坚持性和自制力等。

幼儿自我意识主要有以下发展特征：

（1）幼儿自我评价的发展特征

1）幼儿自我评价常常依赖成人对自己的评价。幼儿初期还没有独立的自我评价，常依赖成人对他的评价，而且往往不加考虑地相信成人对自己的评价。例如，家长问幼儿：“你在幼儿园表现好吗？”幼儿答：“好，老师表扬我了，说我表现很好。”到幼儿晚期，幼儿开始出现独立的评价。

2）幼儿自我评价往往带有主观情绪性。幼儿往往不从具体事实出发，而从情绪出发进行自我评价。对成人的评价及对自己的评价总是偏高，即使自己不如别人，也往往说自己比别人好。随着年龄的增长及实践经验的积累，到幼儿晚期幼儿自我评价会逐渐客观。

3）幼儿自我评价具有笼统性、片面性和表面性。幼儿比较容易对自己的外部行为表现做出评价，但不会评价自己的内心活动。例如，问小班幼儿为什么自己是好幼儿时，幼儿会说“我吃饭吃得好”“我不打架”等。到幼儿晚期幼儿逐渐出现对自己内心品质的评价。例如，问大班幼儿“你为什么是好孩子”时，幼儿会说“我爱劳动”“听课认真”等。

在整个幼儿期，甚至幼儿晚期，幼儿对自己评价的能力还较差，成人的态度对幼儿的自我评价有着重要的影响。因此，成人对幼儿的评价必须适当、客观、公正，任何过高、过低或其他不恰当的评价都是有害的。例如，如果成人对幼儿说“你怎么那么笨”“你怎么这么讨厌”等，幼儿就会认为自己真的毫无希望从而缺乏自信。

（2）幼儿自我体验的发展特征

幼儿的自我体验（主要表现为情绪）从初级向高级发展，从生理性体验向社会性体验发展。幼儿的愉快和愤怒往往是生理需要的表现，而委屈、自尊和羞怯则反映了他们的社会性体验。幼儿自我体验中各个因素的发生和发展不是同步的，愉快和愤怒体验发展最早，而委屈、自尊和羞怯感则发生较晚。此外，幼儿自我体验还表现出受暗示性和社会性，且发展水平不断深化。

1）受暗示性。幼儿自我体验最突出的特点就是易受成人的暗示，年龄越小，表现越明显。例如，问幼儿：如果做“捂眼睛贴鼻子”的游戏时，你私自拉下毛巾被教师发现，你会觉得怎样？3 岁幼儿只有 3.33% 的人有自我体验，而在暗示时（你做了错事，觉得难为情吗？）就有 26.67% 的人有自我体验。这项研究结果对幼儿教育具有重要意义。家长和教师要充分注意幼儿的受暗示性，多采用积极的暗示促进幼儿良好道德感的发展。

2）社会性。幼儿不但能对生理需要产生自我体验，而且能对社会性需要产生自我体验，即开始发展对社会情感的自我体验。他们往往会因为成人的表扬、批评而产生不同的自我体验，自我体验的社会性也随年龄增长而不断发展。社会性较强的自我体验，如委屈感、自尊感、羞愧感等，从 4 岁以后明显发展。

3）发展水平不断深化。幼儿的各种自我体验都随年龄增长而发展，其发展水平不断深化。例如，对愤怒感的情绪体验，3 ~ 6 岁幼儿会有不同的体验程度，从“会哭”“不高兴”“会生气”到“很生气”，这个变化过程可以看出幼儿体验的深刻性在逐渐发展。

（3）幼儿自我控制的发展特征

幼儿自我控制能力的发展主要表现在独立性、坚持性和自制力发展三个方面。2、3岁的幼儿常常喜欢自己做事、自己行动，常常说“我自己”“自己来”，不要成人帮助。随着年龄的增长，幼儿的独立性越来越强，可以自己做很多事情；幼儿的坚持性和自制力到 5 ~ 6 岁时有较大的发展。

四、幼儿自我意识的培养

1. 尊重幼儿的独立性，增强幼儿的自信心

成人要尊重幼儿的独立性，满足幼儿独立行动的愿望，在幼儿遇到困难时给予帮助，增强幼儿的信心。例如，在幼儿学自己用勺吃饭时，可以让幼儿拿一把勺自己吃，同时家长拿另一把勺去喂，既满足幼儿自己吃饭的愿望，又避免幼儿吃不饱。

2. 运用灵活的教育技巧解决幼儿提出的不同主张

当成人提出的要求得不到幼儿的认同时，幼儿经常并不听从，会说“就不”“不行”等。这时成人要照顾幼儿的独立性，不要强制服从，以免引起哭闹；而应运用教育技巧引导幼儿愉快地去执行命令。例如，吃饭前成人要求幼儿洗手，但幼儿偏不顺从，这时成人可以采用做游戏的方法“我们来赛一赛，看看谁的手洗得干净”。

3. 保护幼儿的自尊心

情景再现

丝丝跟妈妈去玲玲阿姨家做客，当阿姨切好西瓜递给丝丝时，丝丝很有礼貌地说：“谢谢阿姨！”玲玲阿姨夸丝丝真懂事，丝丝妈妈却说：“懂什么事啊，在家净惹我生气。”丝丝听后一下子变得沉默起来。

幼儿前期，随着幼儿自我意识的发展，幼儿开始出现自尊心。当成人当众批评或指责幼儿时，往往会引起幼儿愤怒、哭闹或反抗。因此，当两个幼儿发生冲突时，教师或家长不应当着同伴的面训斥幼儿，而应把两个幼儿隔离开分别进行教育。

4. 家园配合，指导家长对幼儿实施正确的教育

家庭教育是幼儿教育的重要组成部分，家长的一言一行会潜移默化地影响幼儿。幼儿教师应对家长进行正确的指导，通过家访、举办专题讲座、家长开放日等活动帮助家长全面了解自己的幼儿。

第三节　幼儿气质的发展和培养

一、气质的概念

在日常生活中我们可以看到：有的人脾气暴躁，喜怒皆现于外；有的人性情温和，沉着冷静，喜怒不形于色；有的人动作灵敏，活泼好动；有的人则行动缓慢稳重，适应性差。人与人之间心理活动的这些不同方面，就属于气质的个别差异。

气质是与人的生物学素质有关，不随活动目的和内容转移的典型的、稳定的心理活动特征。这些心理活动特征主要表现在强度、速度、稳定性和灵活性等方面。气质使人的整个心理活动带有个人独特的色彩。婴儿刚出生时，最先表现出来的差异就是气质差异，有的婴儿爱哭好动，有的婴儿平稳安静。

二、气质的类型

古希腊著名医学家希波克拉底吸收了前人的医学成就，提出人体含“四液”学说。他认为人体有四种液体，即黏液、黄胆汁、黑胆汁和血液，并根据个人身体内占优势的体液将人的气质分为“胆汁质”“多血质”“黏液质”及“抑郁质”四种类型。“胆汁质”的人体内黄胆汁占优势，这种人直率、热情、精力旺盛，情绪易冲动，心境变换剧烈；“多血质”的人体内血液占优势，活泼、好动、敏感、反应迅速，喜欢与人交往，注意力容易转移，兴趣容易变换；“黏液质”的人体内黏液占优势，这种人安静、稳重、反应缓慢、沉默寡言、情绪不易外露，注意稳定但又难于转移，善于忍耐；“抑郁质”的人体内黑胆汁占优势，这种人孤僻、行动迟缓、体验深刻，善于觉察别人不易觉察到的细小事物。

知识卡

高级神经活动类型

俄国生理学家、心理学家巴甫洛夫认为人的气质是由人的高级神经活动类型决定的。大脑皮层的基本神经过程有强度、均衡性和灵活性三种基本特性。根据这三种特性可以将个体的神经活动分为不同的神经活动类型：兴奋型、活泼型、安静型和抑制型。

强而不平衡型（兴奋型）：兴奋占优势，条件反射形成比消退来得更快，易兴奋、易怒而难以抑制。

强、平衡而且灵活型（活泼型）：条件反射形成或改变均迅速，且动作灵敏。

强、平衡而不灵活型（安静型）：条件反射容易形成而难以改变，庄重、迟缓而有惰性。

弱型（抑制型）：兴奋与抑制都很弱，感受性高，难以承受强刺激，胆小而显神经质。

三、幼儿气质发展的主要特征

1. 婴儿气质出现个别性

婴儿出生后即表现出气质的个别差异。美国心理学家托马斯在一项著名的追踪研究中，采用家长问卷法从 1956 年开始对 141 个婴儿做纵向研究，将婴儿气质划分为以下三种类型。

（1）容易抚养型

容易抚养型婴儿的吃、喝、睡等生理机能很有规律，容易适应新环境，也容易接受新事物和不熟悉的人。他们的情绪一般积极愉快，经常笑。这类婴儿约占 40%。

（2）难以抚养型

难以抚养型婴儿的突出特点是时常大声哭闹，烦躁易怒，不易安抚；在饮食、睡眠等生理活动方面缺乏规律性，成人很难掌握；对事物、新环境的反应消极退缩、回避，接受也很慢；成人要费很大的力气使他们接受抚爱，需要成人极大的耐心和宽容。这类婴儿约占 10%。

（3）缓慢发动型

缓慢发动型婴儿的活动水平很低，行为反应强度很弱，情绪总是消极的，而不是愉快的，常常安静地退缩、情绪低落。但在没有压力的情况下，他们会对新刺激缓慢地发生兴趣，而在新情境中能逐渐活跃起来。这类婴儿约占 15%。

以上三种类型只涵盖了 65% 的婴儿，另有 35% 的婴儿不能简单地划归到上述任何一种气质类型中。

2. 幼儿气质在一定条件和一定时期内保持相对稳定性

气质是人的神经系统最基本的特性，是个性心理特征中受先天生物因素影响较大的部分，因此在一定的条件下和一定的时期内幼儿的气质表现出相对的稳定性。例如，有些幼儿无论在幼儿园还是在家里都非常兴奋和活跃，而有些幼儿却很安静。

3. 幼儿气质可能发生变化

气质虽然是比较稳定的心理特征，但并不是一成不变的。一个人的气质类型在教育和生活条件的影响下可以逐渐改变。

一方面，幼儿进入幼儿园后，某些早期形成的消极的气质类型，通过教师和家长的教育逐渐得到改正，甚至完全消除。例如，容易急躁、任性的胆汁质幼儿，通过集体生活及教师的指导逐渐改变；胆小、孤独的黏液质幼儿，在同伴交往中通过师生的鼓励也能变得胆大、合群一些。

另一方面，在不良教育或坏榜样的影响下，幼儿也可能形成新的消极特征。例如，有的幼儿因为常常受到父母的打骂，或者受暴力内容电视节目的影响，会变得性情暴躁，在日常生活中常常发生攻击性行为。

4. 幼儿气质可能发生“掩蔽”现象

“掩蔽”现象是指一个人的气质类型并没有改变，但形成了新的行为模式，表现为不同于原来类型的气质外貌。例如，某幼儿神经类型的检查结果是“强、平衡而且灵活型”，但行为表现明显属于抑郁型。究其原因，发现这个幼儿长期处于十分压抑的生活条件下，这种生活条件下形成的特定行为方式掩盖了原有的气质类型，而出现了萎顿、畏缩和缺乏生气等行为特点。

四、幼儿气质的培养

1. 针对幼儿气质特点，采取适宜的教育措施

教师应通过幼儿的游戏、学习、劳动等活动，对幼儿在活动中的情感表现、行为态度等进行反复细致的观察，把观察结果和气质类型的典型特征相对照，确定幼儿气质特点。

教师在进行教育和教学工作时，要针对幼儿的气质特点对幼儿提出不同要求，采取适当措施区别对待。例如，对于精力旺盛、自制力差的幼儿，教师要教他们学会自制，如果中午不能进入睡眠状态，可以要求他们安静地躺着，不要吵醒别人，养成遵守纪律的习惯；对于活泼热情、爱说爱动、难于安定的幼儿，教师可以通过一些游戏培养幼儿

的专注性，让他们学会耐心做事；对于性情孤僻、沉默寡言的幼儿，教师可以鼓励他们多参加集体活动，引导他们多和其他幼儿交往。在教育的影响下，幼儿会发扬气质的积极方面，改变气质的消极方面。

2. 平等地关注不同气质的幼儿

幼儿的气质特点常会影响他的人际交往。胆汁质的幼儿常因为其好动、易吵闹、自制力差等特点而让教师感到头痛，多血质的幼儿常因为活泼、灵活而受到教师的喜爱，黏液质的幼儿常因为过于安静而易被教师忽视，抑郁质的幼儿则常因为孤僻和沉默寡言而让教师不知如何是好。每种气质类型的幼儿都希望获得教师的关注、喜欢和称赞，教师应给予各种类型的幼儿以平等的关注。

第四节　幼儿性格的发展和培养

一、性格的概念

性格是指人在面对现实时所表现出来的稳定的态度和相应的行为方式，是具有核心意义的个性心理特征。它是与社会关系最密切的人格特征，能够表明一个人本质的、典型的特点。

知识卡

性格（character）一词源于希腊语，本意为“印记”“雕刻”或“雕成之物”，后来转化为“标志”“特征”。

美国人格心理学家奥尔波特认为“性格”这个术语有些含糊，因为它意味着人们对某人的道德判断。例如，当我们说某个人具有“良好的性格”时，就含有这种道德判断。奥尔波特更愿意“把性格定义为加以评定的人格，而把人格定义为不加以评定的性格”。

二、性格的结构

人的性格非常复杂，它是由各种各样的特征有机结合而成的一个完整而有序的统一体，具体包括性格的态度特征、性格的意志特征、性格的情绪特征和性格的理智特征。

1. 性格的态度特征

性格的态度特征包括个体对社会、集体和他人的态度，及对工作和学习的态度，如宽容和刻薄、利他或利己、勤奋和懒惰等。

2. 性格的意志特征

性格的意志特征是指个体自觉地确定目标并调节支配行为，从而达到目标的性格特征。顽强拼搏、当机立断、优柔寡断等都属于性格的意志特征。

3. 性格的情绪特征

性格的情绪特征是指个体稳定而独特的情绪活动方式，包括情绪活动的强度、稳定性、持久性及主导心境等方面的特征，如热情和冷漠、内向和外向等。

4. 性格的理智特征

性格的理智特征是指个体在感知、记忆、想象、思维等认知过程中表现出来的认知特点和风格，如理智和冲动、深谋远虑和轻举妄动等。

三、性格的特点

1. 后天性

性格不是与生俱来的，而是个人和周围现实的相互交往中，在家庭生活、社会关系、学校教育影响下形成的。它经常与人的道德品质相关，受到好坏的评价。例如，正直、大方、与人为善等性格特征被认为是好的性格，而损人利己、见利忘义等则被认为是不好的性格。

2. 独特性

每一个人的性格都有自己的特点，人与人之间的性格是不相同的，我们把这种彼此间的不同叫作性格的独特性。心理学界有人认为，性格是个性心理特征的核心内容，人的个性的个别性（差异）首先就是性格的差异。

3. 稳定性

性格是稳定的、经常发生作用的心理特征，一旦形成，便会在很多方面都表现出统一的态度和行为。个人偶尔表现出来的态度和行为方式不能看作性格的表现，只有经常表现出来的态度行为才能称为性格。

四、幼儿性格的萌芽

从婴儿期开始，已经能看到儿童之间性格的个别差异，但是这些差异并不明显，也极不稳定，因此只能说是性格最初的萌芽表现。幼儿性格的萌芽主要表现在以下几个方面：

1. 合群性

在幼儿与同伴交往的过程中，可以看到合群性在幼儿身上表现出的个体差异。例如在幼儿园里，有些幼儿能够与小朋友们很好地合作共同完成活动任务，分享玩具，富有同情心，帮助有困难的小朋友等；而有些幼儿则表现出明显的攻击性，推人、咬人、抢别的小朋友的玩具等。

2. 独立性

独立性是幼儿期发展较快的性格特征，独立性的表现在 2 ~ 3 岁变得明显。独立性强的幼儿可以独立做很多事情。而有些幼儿离不开成人，表现出很强的依赖性。

3. 自制力

自制力是指幼儿控制自己情绪和行为的能力。3 岁左右，在正确的教育下，有些幼儿已经掌握了初步的行为规范，并学会了自我控制，如不随便哭闹、不随便要东西。而有些幼儿则不能控制自己，当要求得不到满足时，就以哭闹为手段要挟成人。

4. 活动性

有的幼儿活泼好动，手脚不停，对任何事物都表现出很强的兴趣，且精力充沛。而有的幼儿则好静，喜欢安静的游戏。

幼儿期性格的差异还表现在坚持性、好奇心及情绪等方面。

五、幼儿性格发展的主要特征

进入幼儿期后，随着年龄的增长，人与人之间生活经验的差异越大，由此导致的性格差异也越大。但幼儿由于生活时间和生理发育的限制，其生活经历的共同性很多，性格的共同性也很多。

幼儿性格的发展特征主要有以下几点：

1. 好奇心强

幼儿的好奇心强，凡事爱问“为什么”，诸如“飞机为什么会在天上飞？”“鱼在水里为什么淹不死？”等。幼儿的好问恰恰是幼儿好奇心强的突出表现。

幼儿好奇心强的原因和他们的知识经验贫乏有关。人往往对初次接触的事物产生好奇，而幼儿由于知识经验的贫乏，周围很多事物对于他们来说都是新奇的。幼儿的好奇、好问的特点，如果得到正确引导，很容易发展成为勤奋好学、进取心强的良好性格特征。反之，如果指责或约束过多，甚至对幼儿的提问采取冷漠或讥讽的态度，则会扼杀幼儿良好性格特征的幼芽。

2. 模仿性强

情景再现

有一位妈妈非常重视对女儿的早期教育。一天她教女儿数数，为了让女儿巩固数字“2”，她就问女儿：“莉莉，你数一数你长了几只眼睛？”莉莉回答说：“长了三只眼睛。”妈妈一听就生气了，说：“还长了八只呢！”莉莉也跟着说：“长了八只。”妈妈忍不住笑了。莉莉还以为自己回答对了，也咧开嘴天真地笑了。

幼儿的模仿性很强，他们最喜欢模仿别人的动作和行为，因此可利用它作为教育手段。有经验的教师或家长特别注意为幼儿树立一个好的榜样，使幼儿在模仿中学习。例如，上课时教师说：“看，明明坐得多好啊!”马上就会有许多幼儿挺起腰来坐直，而不必逐个点名叫他们坐好。教师为了培养幼儿良好的生活习惯，在日常生活中要注意严格要求自己，时间一长幼儿会很自然地养成良好的习惯，这就是潜移默化的作用。

幼儿好模仿的特点和他们的能力发展有密切关系。能力的不足促成好模仿的性格特点，模仿又反过来促进能力的提高。另外，幼儿的模仿和他们的受暗示性有关。我国著名儿童教育学家陈鹤琴曾举例说，教师指着一幅画向幼儿提问，画中妇人本来并没有戴帽子，如果问“那个妇人带什么帽子?”幼儿会回答“黑帽子”。

3. 活泼好动

活泼好动是幼儿期幼儿性格最明显的特征之一。幼儿总是不停地做各种动作，不停地变换活动方式。在一般情况下，对幼儿来说并不是活动引起疲劳，而是单调、枯燥的活动引起厌倦。幼儿喜欢跑跑跳跳、走来走去，参加各种力所能及的活动。了解了这一特点，就可以指导幼儿一起做事情，如扫地、擦桌子、整理玩具等，幼儿会很高兴去做并会感到很自豪。但是如果成人对幼儿过多地限制或干涉或经常包办代替，幼儿则可能形成懒惰的性格倾向。

4. 喜欢交往

喜欢交往是孩子进入幼儿期后在行为方面最明显的特征之一，不论是何种类型的幼儿都有此特性，在幼儿游戏的发展中尤其明显。3 岁以后，幼儿游戏中的社会性成分逐渐加强，个体游戏减少，与同伴有联系的、合作性的游戏增多。

5. 好冲动

幼儿性格在情绪方面的表现是情绪不稳定、好冲动，与之相联系的是缺乏深思熟虑。例如，幼儿常常从情绪出发提出问题，为提问而提问，并非经过认真思考。

以上列举了幼儿性格的一些典型特征。需要强调的是，独特性是个性的基本要素，幼儿的性格虽然有共同性，但每个幼儿仍然有个人的性格特征。而且随着年龄的增长，性格的典型性将发生变化，如年长幼儿变得越来越沉着稳重，能自制。但有些人直至年长，仍然具有易冲动、不善自制的性格特征。

六、幼儿性格的培养方法

知识卡

有人曾问一位诺贝尔奖获得者："你在哪所大学、哪个实验室里学到了你认为最主要的东西呢？"出人意料，这位学者回答："是在幼儿园。""在幼儿园学到了些什么呢？"学者答："把自己的东西分一半给小伙伴们，不是自己的东西不要拿，东西要放整齐，吃饭前要洗手，做了错事要表示歉意，午饭后要休息，学习要多思考，要仔细观察大自然。从根本上说，我学到的全部东西就是这些。"概括起来说，他认为终生所学的最主要的东西就是教师给他培养的良好习惯。

心理学研究表明：幼儿期是性格初步形成的时期，虽然幼儿的性格特征还没有定型，但是这是他们未来性格形成和发展的基础。在一般情况下，性格比较容易沿着最初的倾向发展下去。例如，性格比较顺从的幼儿，容易遵照成人的吩咐和集体规则行事，以后将仍然稳定形成与人和睦相处、守纪律的性格。幼儿性格的形成与家庭环境、社会、幼儿园的教育等有着十分密切的关系。幼儿教师应该利用各种机会采用适当的方法对幼儿的性格进行培养，对不良性格进行矫正。

1. 重视家庭因素，发挥家长作用

随着《幼儿园教育指导纲要》（试行）的不断深入，幼儿教育界越来越强调家庭教育及家园合作的重要性。家庭是幼儿最初生活的环境，从出生到 5 ~ 6 岁是幼儿性格形成的重要阶段。这一阶段父母的教养方式、家庭结构及家庭氛围影响着幼儿的发展。严厉型有利于幼儿的动作和社会性行为的发展，关爱型有利于幼儿智力的发展，理智型对幼儿发展有广泛促进作用。父母是幼儿的第一任老师，是幼儿最早的学习榜样。

心理实验

心理学家做过“情感剥夺”实验：把一同生下的小猴子分成两组，一组放在铁笼子里，用奶喂养，除此之外什么也没有；另一组给它们用长毛绒做了个假妈妈，吃完奶它们可以在假妈妈身上玩。实验结果表明：小猴子们慢慢长大后，没有假妈妈的这一组胆子比较小，反应暴躁，不合群，与人不好接近；有假妈妈的一组正好相反，不胆小，合群，与人容易接近。这说明在婴幼儿时期特别是婴儿时期，剥夺了母爱就会使他们的性格扭曲，造成不好的行为和个性表现。

实验结论

“情感剥夺”实验说明，在婴幼儿时期对幼儿进行良好心理环境的抚育对一个人形成良好性格是很重要的。

2. 重视在幼儿园的教育

除了家庭，幼儿园也影响着幼儿性格的形成。幼儿园里幼儿参加各种集体活动，集体意志与要求制约着幼儿对周围事物的态度和行为方式，集体生活环境方式也有利于纠正幼儿已经形成的不良性格特征。同时，在新的活动中，幼儿还会形成新的态度及适应的行为方式，从而性格不断得到完善。

（1）在日常生活中加强思想品德教育

在一日生活常规和生活制度中渗透良好性格培养的内容，通过常规训练和严格生活制度，培养幼儿诚实、勇敢、自信、关心他人、勤劳等品德和行为习惯。另外，结合本班实际情况，可组织专门的德育活动。此外，在游戏中也可以培养幼儿的良好性格特征，如教师可以有意识地让好动、缺乏自制力的幼儿在游戏中担任需要安静和认真工作的角色，而让内向、沉默寡言的幼儿担任交往较多的角色。在日常的锻炼中，他们都能改变或减少一些个性发展上的不足之处，逐渐养成良好的性格。

（2）树立良好的榜样

幼儿的性格特征中重要的一点就是好模仿，因此，幼儿期无疑最容易受到榜样的影响。教师要有意识地时时处处注意自己的言谈举止，做幼儿的楷模。另外，在日常生活和具体教育活动中，教师要注意树立幼儿中的榜样，以引起其他幼儿模仿好的行为。

（3）个别指导，因材施教

《幼儿园教育指导纲要》（试行）指出：“教师要尊重幼儿的发展水平、能力、经验、学习方式等方面的个体差异，因人施教，努力使每一个幼儿都能获得满足和成功。”例如，常常让教师头疼的打人的幼儿，其情况往往各不相同，有的是习惯反应，有的是被打之后的报复，有的是模仿其他人，有的是出于自我防护，等等。教师必须针对不同的情况进行不同的教育，“一把钥匙开一把锁”。

第五节　幼儿能力的发展和培养

一、能力的概念

能力是直接影响活动效率，并使活动顺利完成的个性心理特征。能力总是与人完成的活动相联系。离开了具体活动，既不能表现人的能力，也不能发展人的能力。但是，我们不能认为凡是与活动有关的并在活动中表现出来的所有心理特征都是能力。只有完成活动所必需的直接影响活动效率的，并能使活动顺利进行的心理特征，才是能力。例如，人的体力、知识，以及人是否暴躁、活泼等，虽然对活动有一定影响，但不是顺利完成某种活动最直接、最基本的心理特征，因此不能称之为能力。

就活动而言，单一的能力不足以完成某种活动，完成活动需要多种能力的结合。在各种能力组合中，可能有些能力占据更加突出的地位，起着更重要的作用，尤其在一些简单活动中更是如此。才能的高度发展即天才。天才并不表示一个人的全部能力超群，而是指他在特定的活动领域中表现非凡。

二、能力的分类

1. 一般能力和特殊能力

按照能力所表现的活动领域的不同，可以把能力分为一般能力和特殊能力两类。

一般能力是指观察、记忆、思维、想象等能力，通常也叫智力。它是人们完成任何活动所不可缺少的，是能力中最主要的部分。

特殊能力是指人们从事特殊职业或专业需要的能力，如音乐中所需要的听觉表象能力，美术中所表现出的绘画能力等。

人们从事任何一项专业性活动既需要一般能力，又需要特殊能力，而且两者的划分是相对的。特殊能力是一般能力在具体活动中的具体化。特殊能力总是建立在一般能力的基础上，并与一般能力相互包含。训练特殊能力的同时，也发展了一般能力。

2. 再造能力和创造能力

按活动中能力创造性的大小，可以把能力分为再造能力和创造能力。

再造能力是指在活动中顺利掌握前人所积累的知识、技能，并按现成的模式进行活动的能力。人们在学习活动中的认知、记忆、操作与熟练能力多属于再造能力。

创造能力是指在活动中创造出独特的、新颖的、有社会价值的产品的能力。它具有独特性、变通性、流畅性的特点。

再造能力和创造能力是互相联系的。再造能力是创造能力的基础，任何创造活动都不可能凭空产生。因此，为了发展创造能力，首先就应虚心学习、模仿、再造。在实际活动中，这两种能力是相互渗透的。

3. 认知能力、操作能力和社交能力

按活动中能力的功能不同，可以把能力分为认知能力、操作能力和社交能力。

认知能力就是学习、研究、理解、概括和分析的能力。

操作能力是指人们操作自己的肢体以及完成各项活动的能力，如体育运动能力、实验操作能力、艺术表现能力等。

社交能力即人们在社会交往活动中表现出来的能力，如组织管理能力、言语感染能力等。

知识卡

美国心理学家卡特尔根据智力测验结果，将能力分为流体智力和晶体智力。

流体智力是指在信息加工和问题解决过程中所表现的能力。它决定于个人的禀赋，而较少依赖于文化和知识的内容，且与年龄有密切关系。一般人在 20 岁以后，流体智力的发展达到高峰，30 岁以后随年龄的增长而降低。流体智力属于人的基本能力，其个体差异受文化的影响较少。

晶体智力是指获得语言、数学知识的能力，它与社会文化密切相关，决定于后天的学习。晶体智力在人的一生中一直在发展，到了 25 岁以后，发展的速度逐渐趋于平稳。

三、幼儿能力发展的主要特征

1. 幼儿智力发展的多元性

从 1 岁开始，幼儿操作物体的能力逐渐发展起来，开始进行各种游戏活动，同时幼儿走、跑、跳等能力逐渐完善。幼儿言语的连贯性、完整性和逻辑性随着年龄的增长而迅速发展。模仿能力的发展对幼儿心理的发展具有重要意义。幼儿的模仿能力从延迟模仿开始，延迟模仿发生在 18 ~ 24 个月的幼儿身上。

知识卡

多元智能理论是由美国哈佛大学教育研究院的发展心理学家霍华德·加德纳在 1983 年提出的。加德纳在研究脑部受创伤的病人过程中发现他们在学习能力上的差异，从而提出本理论。他认为我们每个人都拥有八种主要智能：语言智能、数理智能、空间智能、动觉智能、节奏智能、交流智能、内省智能、自然观察智能。传统上，学校一直只强调学生在逻辑——数学和语文（主要是读和写）两方面的发展，但这并不是人类智能的全部。不同的人会有不同的智能组合，如建筑师及雕塑家的空间感（空间智能）较强、运动员和芭蕾舞演员的体力（动觉智能）较强、公关人员的交流智能较强、作家的内省智能较强等。

2. 幼儿能力发展的差异性

（1）能力类型的差异

在日常观察中可以发现，有的幼儿记忆力较强，很长的儿歌或诗词很快就能记住；有的幼儿理解能力较好，很容易理解故事的内容、计算的方法等。

幼儿在特殊能力方面也存在明显的个别差异，如有的幼儿绘画能力突出，有的幼儿擅长动手操作各种器械、玩具等，还有的幼儿对音乐、韵律特别敏感。

学前期幼儿已出现了主导能力（也称优势能力）的差异。教师在幼儿园的教育教学活动中应特别注意分析不同幼儿的能力特点，发挥其主导能力，同时加强对较弱能力的培养。

（2）能力发展水平的差异

除了能力类型差异之外，幼儿在能力发展水平上也存在较大差异。幼儿能力的发展呈现倒 U 型，即绝大多数幼儿的能力发展水平正常，有少部分幼儿的能力发展水平高于常态，也有少部分幼儿的能力发展水平低于常态。

理解这一现象，更有利于教师因材施教，针对不同能力发展水平的幼儿采用不同的教育方式。

（3）能力发展早晚的差异

人的能力充分发挥有早有晚。有些人的能力表现较早，年纪尚小却能显露出卓越的才华，这就是“人才早熟”。例如，李白 5 岁通六甲，7 岁观百家；奥地利作曲家莫扎特 5 岁开始作曲，8 岁时试做交响乐，11 岁时创作歌剧。

相反，智力的充分发展在较晚的年龄才表现出来的叫“大器晚成”。这些人在年轻时并未显示出众的能力，但中年时崭露头角，表现出惊人的才智。达尔文年轻时被人认为智力低下，但他却成为进化论的创始人，这种情况在科学和政治舞台上屡见不鲜。由此可以看出，并不是取得重大成就的人智力都是早熟的。

一位美国心理学家曾比较过智商在 140 以上的 150 名“神童”，他们在成年后成就非常悬殊。其结论令人深思：这些早年的“神童”成年后智商并没有多大变化，而主要差异在于他们的个性心理品质。在自信、进取心及坚持精神等非智力品质方面，成就显著的一组远远强于成就低的一组。所以，智力只是幼儿一生发展的前提和基础，要想取得大的成就，后天能力的培养显得尤为重要。

3. 幼儿智力结构随年龄增长而变化

幼儿智力结构是随着年龄的增长而变化发展的，其发展趋势是越来越复杂化、复合化和抽象化。不同的智力因素有各自迅速发展的年龄段。幼儿期应特别重视幼儿观察力、注意力及创造力的培养。

4. 幼儿智力发展迅速

人的智力是不断变化的，智力发展呈现出最初逐渐升高最后又有所下降的过程。在出生到 16 岁这段时间内，智力发展呈上升趋势，此后智力发展速度减慢，但还是有所升高。有研究指出，智力到 26 岁停止增长。26 ~ 36 岁之间保持不变，随后则下降，由此形成一条智力发展曲线，其中最高的一段称为高原期。高原期的具体年龄，因不同的研究者取材不同而有不同结论，有人甚至认为智力发展要持续到 60 岁。

美国著名心理学家布鲁姆搜集了 20 世纪前半期多种对儿童智力发展的纵向追踪材料和系统测验数据，进行了分析和总结，发现儿童智力发展有一定的规律。经过统计处理，他得出了一条儿童智力发展的理论曲线。布鲁姆以 17 岁为儿童智力发展的最高点，假设其智力为 100%，由此得出各年龄儿童智力发展的百分比：1 岁，20%；4 岁，50%；8 岁，80%；13 岁，92%；17 岁，100%。

上列数字说明：出生后第一个四年幼儿的智力发展最快，已经发展了 50%，获得了成熟时的一半；4 ~ 8 岁，即出生后的第二个四年，发展 30%，其速度比第一个四年明显减缓；之后速度更慢。

四、幼儿能力的培养

德国教育学家第斯多惠提出："教学的艺术不在于传授本领，而在于激励、鼓舞、唤醒。"其含义是应把传统的以灌输、说教、模仿的教育方式变为让幼儿在亲身感受、操作、探索中发现问题、探索问题，从而引发幼儿好奇心，调动幼儿的积极性、主动性和创造性。从根本上看，幼儿教育的核心是幼儿能力的培养。幼儿能力的培养，主要从以下几个方面入手：

1. 正确了解幼儿能力的发展水平

通过日常的教育和生活的接触，成人大体能了解幼儿的能力发展水平。例如，有些幼儿在音乐方面表现突出，有些幼儿在绘画方面表现出色，而有些幼儿则在体育方面很有天赋等。心理学研究者也曾设定测定特殊能力的工具，来较客观地反映幼儿的实际发展水平。家长或教师可以采用我国编制或修订的测验量表，并结合日常观察来鉴定幼儿能力发展的特点和水平，从而有效地培养幼儿的能力。

另外，智力发展水平可通过智力测验获得。智力测验是能力测验的一种，重点测验人的一般适应能力。使用较多的是比奈—西蒙智力量表和韦氏智力测验。每种智力测验都包含几组测量不同能力的题目，测量结果所得分数经过计算、转换之后便可取得一个智力的数量指标，即智商（IQ）。

了解幼儿能力发展水平的目的是针对不同能力的幼儿提出不同的要求，而不盲目地去给幼儿报各种各样的兴趣班，或者在教学中忽略幼儿发展水平的不同，一味地要求整齐划一。

2. 激发幼儿的活动兴趣

兴趣是最好的老师。对于幼儿来说，凡是感兴趣的活动都会积极参与，并付出更多的投入，从中能力得以锻炼和提高。所以，激发幼儿对活动的兴趣有助于发展幼儿的能力。反过来考虑，幼儿对某项活动的兴趣又常常是某种能力的反映。

3. 注重幼儿知识的获得和技能的训练

能力与知识、技能有密切联系，掌握了与能力有关的知识技能有助于相应能力的发展。例如，指导幼儿掌握有关昆虫的特点、种类、生活习性等知识以及观察昆虫时的注意要点等，可以促进幼儿观察能力的提高。

4. 结合幼儿其他个性品质进行培养

能力只是个性的一个组成部分，要培养幼儿的能力，离不开整个个性的发展和培养。“勤能补拙是良训，一分辛苦一分才”，能力的发展和良好个性的形成相辅相成、互相促进。一个在性格上外向、敢于探索、不怕困难和百折不挠的人就会比一般的人有更多的机会去发展和锻炼自己的能力。

思考·练习

一、简答题

1. 什么是自我意识？婴儿期自我意识发展的过程是什么？

2. 针对不同的幼儿气质，父母应分别采取怎样的教养方式？

二、案例分析

2、3 岁的幼儿经常说“我的”，并且开始不让别人动他的东西。经过一段时间后，幼儿逐渐会使用“我”这个词来表达自己的意愿了。

请你分析产生这种现象的原因。

第十一章
幼儿的社会性

学习目标

- 理解幼儿社会性发展涉及的内容。
- 了解幼儿人际关系、性别行为、亲社会行为的发展。
- 掌握幼儿人际关系、性别行为、亲社会行为的培养。

第一节　幼儿社会性及其发展概述

一、社会性及社会性发展的概念

每个人在出生时都是一个自然人，其行为方式表现出明显的自然属性，如新生儿饿了就哭，大小便时不分时间、地点、场合，需要成人悉心呵护照料。随着年龄的增长，他逐渐感受到社会的要求和约束，认识各种各样的人和事，学会用自己特有的方式表达感情和需求，学会与人交往，朝着社会要求的方向发展。

社会性是指进行社会交往、建立人际关系、掌握和遵守行为准则以及控制自身行为的特性。幼儿社会性发展是幼儿社会化的过程，是幼儿逐渐适应社会、参与社会生活的过程。幼儿社会性发展是指幼儿在生活中获得初步社会认知，体验简单的社会情感，学习和扮演简单的社会角色，建立初浅的人际关系的过程。

二、幼儿社会性发展的内容

幼儿社会性发展的内容涉及自我概念、社会交往、意志品质、道德品质、社会情绪、社会适应力等。

1. 自我概念

几个月的婴儿啃咬自己的手、脚，抓自己的脸和头发，他们不知道这些是自己的，即使疼也不知道是怎么回事；2 岁左右的幼儿愿意自己动手，会说自己的名字，如“妞妞自己吃”；3 岁左右的幼儿开始用“我”来取代自称姓名，“这是我的，是妈妈买给我的。”从会说“我”开始，自我概念便产生了。

自我概念是个人对自我的看法和认识以及对自我的评价。在幼儿园里，教师、同伴对幼儿形成自我概念有决定性的影响。

（1）教师对幼儿形成自我概念的影响

幼儿园中的幼儿只具有一个初步的自我概念。教师的评价是幼儿自我评价依赖的主要外部评价之一。

1）教师对幼儿做出肯定评价后，幼儿会产生强烈、积极的情感体验。这种体验使幼儿充满信心，在接下来的活动中更好地表现自己，特别是不经常受到教师关注或表扬的幼儿。这种积极的情感体验是幼儿形成积极自我概念的一个起点。

情景再现

小宇是一名平时表现不积极的幼儿。在一堂音乐课上，老师弹奏了一首乐曲《老师，再见了!》，其他幼儿都觉得听这首歌是快乐的，只有小宇说：“老师，听了这首歌，我觉得很难过，我有一点想哭了。”他说这话时双眼含着泪水。老师及时表扬了小宇：“你的耳朵真灵！”小宇因为平时很少有机会得到表扬，因此他当时非常高兴，觉得今天被老师重视了。

上述情景再现中，教师及时、正确的肯定给了小宇一次积极的情感体验，在接下来的活动中，小宇不用教师说也能做得很好。

2）教师对幼儿的否定评价会导致幼儿的消极情感体验。幼儿由于表现不佳受到教师的批评，特别是当众被否定之后，容易产生逆反心理，自暴自弃，故意表现不好，借此表达自己对教师批评的反抗。

情景再现

在“我是小海军”的音乐表演活动中，教师让几名幼儿边唱边表演。表演完后，教师问幼儿：“你们说，谁最好？”有的幼儿提名林林，林林很得意。可是教师显然对林林的表现不满意：“林林下次还要努力。”林林听后，噘着嘴回到座位上，拿出自己的玩具开始玩起来。

上述情景再现中，教师的否定评价犹如一盆冷水，彻底浇灭了林林参与活动的热情，在接下来的活动中，林林估计很难提起兴趣。

3）教师的评价行为会影响幼儿的评价标准及评价语言。幼儿缺少经验，评价语言十分欠缺，评价的标准大多是从教师那里模仿而来的。

情景再现

对绘画和手工作品的评价，很多时候幼儿会完全照搬教师的评价标准及评价语言。在幼儿互相评价绘画作品时，幼儿讲得较多的是“他线条很准确”“涂的颜色一点小白点也没有”。

幼儿讲的这些话都是教师平常提醒的话，幼儿会依据教师的评价来评价自己。

4）教师经常有“技巧”地表扬幼儿，容易误导幼儿。教师在家长面前评价幼儿时，大多是说幼儿的优点。教师往往采取“爱听就说，不爱听就不说”的策略，向家长反馈意见时报喜不报忧，“技巧性”地表扬幼儿。这会使幼儿从家长与教师的谈话中只接收教师的积极评价，容易误导幼儿在发展自我评价时倾向于“感觉良好”，忽视自己的不足，形成不健康的自我概念。

5）教师的评价会影响幼儿的择友行为，进而影响幼儿自我概念。幼儿选择谁做好朋友，在很大程度上会受到教师评价的影响。因为教师是幼儿心目中的权威，在幼儿还没有形成自己的好朋友标准时，他们会受到教师评价的影响，去与经常受到教师表扬的幼儿做朋友。

情景再现

俊俊和小远是比较顽皮的幼儿。一次，俊俊受到了教师的表扬，小远主动和他说："俊俊，我们一起玩好吗？""俊俊，我把弹珠警察给你玩，好吗？"小远会很主动地去跟俊俊交往，和俊俊做好朋友。

因此，教师应该大力发扬民主，慎重评价幼儿，选择适宜的评价方式具体评价幼儿，帮助幼儿形成积极健康的自我概念。

（2）同伴对幼儿形成自我概念的影响

同伴之间的评价对幼儿的自我评价也会有影响，来自同伴的积极评价会促使幼儿形成积极的自我概念。能否交到好朋友，是否有人和自己一起玩，这成为幼儿在幼儿园是否快乐的标准之一。快乐和积极的同伴交往会带给幼儿自信，有利于幼儿形成积极的自我概念。

2. 社会交往

现代社会的发展变化正在改变幼儿的生活，过去的同伴游戏消失了，看电视、玩电子游戏等活动正在成为他们生活中的重要内容。城市的生活使幼儿失去了游戏的空间和时间，幼儿的玩耍方式由"群体"变为"孤独"，由"活动型"变为"静止型"，由"自发"变为"被动"。幼儿找不到自然生活的空间，正在陷入社会性的自我封闭状态之中。

因此，家长和教师平时要注意为幼儿提供自由活动的机会，使幼儿乐于与人交往，学会互助、合作和分享，有同情心，学习初步的人际交往技能。

情景再现

4 岁的明明拿着一袋饼干在院子里吃，看到邻居家小妹妹过来，就把饼干袋子递过去请她吃，邻居妈妈问他："明明怎么这么乖啊？"明明回答："老师说的，好东西要大家分着吃才好吃。"

上述情景再现中，明明的教师教给他分享的快乐，我们不妨向明明的老师学习，逐渐淡化幼儿的"独性"。

3. 意志品质

意志品质包括独立性、果断性、顽强性和自制力。意志品质追随着每一个人，不管是在家还是幼儿园，在大体相同的环境和教育条件下，意志坚强的幼儿能力能得到较充分的发展，意志薄弱的幼儿能力难以得到充分的发展。幼儿在进行各种游戏活动时，会遇到许多困难和挫折，要克服困难就需要做出意志努力。

情景再现

在某幼儿园园庆活动的武术表演节目排练中，参加表演的幼儿在整个训练过程中表现出两种截然不同的态度倾向：一部分幼儿自始至终独自一人认真训练；另一部分幼儿虽然表现出一定的兴趣，但必须由家长陪同训练，且态度懒散，时间一长便注意力不集中，一旦感觉疲累马上就到父母怀中寻求安慰和呵护。结果可想而知，在表演中动作到位、精神抖擞因而受到称赞的是训练自觉刻苦的幼儿，而另一些幼儿表演的武术一如他们的态度般懒散，让人观之无味、为之皱眉。

在上述情景再现中表现优异的幼儿之所以赢得称赞，从表面来看是因为他们完成表演任务圆满，再从深层次来看，人们的称赞更多的是肯定如此年幼的幼儿在完成相对复杂的动作背后所付出的努力。

由于幼儿自身意志品质特征的形成有着明显的被动性，所以教师必须从细节入手，及早做起，培养幼儿良好的意志品质。

4. 道德品质

个体的道德品质分为道德认识、道德情感、道德行为等。幼儿的道德品质有如下特点：

（1）幼儿的道德认识受能力所限，发展水平很低。幼儿已经具有初步的是非观念，知道哪些行为是对的、哪些行为是错的，通过看电影和画册慢慢分清了谁是“好人”、谁是“坏蛋”。但这种认识带有具体性和形象性，往往就事论事。

情景再现

一个幼儿不小心摔碎 10 只杯子，而另一个幼儿因为妈妈不满足他的愿望而故意摔碎 1 只杯子发泄情绪。幼儿在比较这两个幼儿的行为时，都认为前者的错误要比后者严重，理由是一个打碎的杯子多，另一个打碎的杯子少。

幼儿只能理解表面现象，不能真正理解“故意”和“不小心”的区别。

（2）幼儿的道德情感带有表面化、情绪性、不稳定性等特征。当自己的行为符合自己所遵循的道德规范时，幼儿就会产生由衷的喜悦；反之，幼儿就会感到十分难受、羞悔，甚至觉得没脸见人。

（3）幼儿的道德行为发展表现在一些简单的助人、分享、爱劳动、讲礼貌等方面。由于幼儿不能理解各种行为准则的真正含义和意义，因此还不可能形成真正意义上自觉的道德行为。

总之，道德品质的形成过程是长期、反复、不断提高的过程，需要教师持之以恒地对幼儿做深入、细致且耐心的工作，寓思想品德教育于活动之中。

5. 社会情绪

婴儿基本的社会情绪比较简单，包括哭、笑、恐惧、依恋等方面。进入幼儿期后，幼儿开始产生较高级的社会情绪，主要包括道德感、美感和理智感等。

6. 社会适应力

社会适应力的发展是幼儿社会化的一个重要方面。具有良好的社会适应力，有助于幼儿进一步完善交往的技能和适应未来生活。

幼儿与家庭分离进入幼儿园生活，所面对的一切都是陌生的，这容易导致幼儿情绪上的变化，引发焦虑、愤怒、失望、悲伤、恐惧等消极情绪，产生情感上的压力。幼儿适应过程的长短各不相同，适应能力的强弱差异很大。

（1）主动适应

大部分幼儿自己能够主动改变压力环境，在几天或几十天的时间内适应幼儿园的生活。他们感觉幼儿园新鲜有趣，能主动跟教师、小朋友谈话，不哭闹。这些幼儿的适应能力很强，对人、对社会表现出亲近、合作的态度。

（2）消极适应

有一部分幼儿表现出抗拒、逃避、寻求他人安慰等消极特点。刚入园时，有的幼儿把不喜欢上幼儿园的想法直接表现出来，不接受上幼儿园的事实，哭闹、拉扯父母衣服不离开、趴在地上不起来等。有的幼儿接受了上幼儿园的事实，知道这一事实不可改变，就通过其他理由达到不上幼儿园的目的。例如，幼儿说自己肚子疼，无法上幼儿园，需要在家休息；有的提条件，说上幼儿园就得给自己买玩具、食品等；有的要求父母早来接，若满足不了，那就不上幼儿园；还有的拒绝交流，封闭自己，对一日活动非常被动。这种现象持续时间的长短因人而异，经过一段时间，有的幼儿适应了，有的幼儿过了一两年甚至整个幼儿园阶段也不能完全适应。

（3）假适应

值得注意的是，有些表面看起来已经适应幼儿园生活的幼儿，还存在假适应的问题。这样的幼儿，在幼儿园里往往表现得比较愉快，但并没有从思想上解决问题，只是要面子，愿意做别人眼里的好孩子，把自己的真实心理暂时掩饰了起来。他们的心理压力很大，等到压力大到难以承受的一天，就会爆发出来，出现不适应的现象，这就是假适应。这类幼儿往往存在两面性，在家比较顽皮，在外面则比较乖。他们自尊、聪明、自制力强，有适应新环境的意愿，但因生活经验所限不能独立解决困难，当心理上承受不住时，又重新出现适应问题，需要真正地去适应幼儿园生活，等到真正适应了又会表现出顽皮的一面。

幼儿从家庭环境到幼儿园环境的适应，需要家园双方相互配合。要让幼儿知道，集体生活与家庭生活有所不同，家庭以幼儿个体为主，他们的行为可以是随意的；而入园后，幼儿以集体生活为主，让幼儿遵守社会规则、生活常规和群体规则，会使幼儿在群体中获得心理平衡。在幼儿园，爱、了解和赏识能使幼儿从情感上主动适应幼儿园。

三、幼儿社会性发展的意义

1. 幼儿社会性的发展是时代与社会发展的需要

随着时代与社会的发展，年轻人更多地通过走向社会参与竞争，获取知识和财富，而不是依靠家庭长辈传承知识经验与经济遗产。

2. 幼儿社会性的发展是毕生发展的需要

早期经验对人非常重要，所谓“3 岁看大，7 岁看老”。儿童各方面的发展都有其关键期。抓住关键期进行教育，能收到事半功倍的效果。

知识卡

儿童心理学家研究认为，2.5 ～ 3 岁是立规矩的关键期，3 岁是培养性格的关键期，2 ～ 4 岁是有秩序感的关键期。

从现代教育观念看，让儿童“学会做人”的教育远比知识和智能教育重要。幼儿社会性发展的好坏，直接关系到幼儿未来人格发展的方向和水平。这是由于幼儿期是儿童社会性发展的关键时期，幼儿的社会认知、社会情感及社会行为技能在此阶段都会得到迅速发展。因此，幼儿期应该注重发展幼儿的社会性，为其未来发展奠定良好的基础。

第二节　幼儿人际关系的发展和培养

人际关系是人与人在交往中形成的直接的心理联系，是人与人交往关系的总称。幼儿的人际关系主要由亲子关系、师童关系和同伴关系三部分构成。

一、幼儿亲子关系的发展

1. 依恋

依恋是婴儿和他的父母（特别是母亲）之间的特殊的情感联系。依恋大概形成于婴儿6～7个月时，每个婴儿都存在依恋行为，但表现各不相同。依恋有三种典型的类型：安全型依恋、回避型依恋和反抗型依恋。研究表明，三种依恋类型中安全型依恋属于较好的依恋方式。

（1）安全型依恋

安全型依恋的婴儿，母亲在的时候能够自己开心地玩游戏，母亲离去时会表现出明显的不安，母亲回来后他们几乎瞬间就得到安慰，而且很快就继续去玩游戏了。

（2）回避型依恋

回避型依恋也可以称为无依恋。这类婴儿对母亲是否在场漠不关心，他们很少注意到母亲的离开，极少对母亲不在身边表现出不安，在母亲离开后依然能自己玩游戏，母亲回来后也没有特别的反应，而是继续自己的游戏。

（3）反抗型依恋

反抗型依恋的婴儿在游戏时通常表现为警惕状态，他并不能全身心投入眼前的游戏，总会时不时看看母亲，担心母亲离开。母亲的离开会使他极度不安。母亲回来后，他又表现出明显的愤怒，既希望得到母亲的拥抱，又会挣扎拒绝母亲的接触，处于矛盾状态，很难被安抚。

2. 亲子关系

幼儿的社会性发展首先是从家庭开始的，良好的家庭教育方式有利于幼儿的社会性发展。不同的教养态度和教育方式会形成不同的亲子关系，对幼儿今后的社会性发展影响也不同。常见的亲子关系包括四种类型：民主型、专制型、放任型和忽视型。

（1）民主型亲子关系

情景再现

明明妈妈在明明很小的时候就没把他当成孩子看待，家里有什么事情需要做出决定时，妈妈都会问问明明，让他提出建议。即使明明的想法很幼稚，有时根本不能实施，妈妈也从未嘲笑过他，并且允许明明与她争论。

民主型父母善于与子女交流，尊重子女的需要，支持子女的兴趣；同时对子女有一定的控制，会提出明确又合理的要求。父母与子女的关系越融洽，子女的独立性、主动性、自我控制、探索性等方面发展越好。明明母子之间就是典型的民主型亲子关系。

（2）专制型亲子关系

情景再现

黄女士是一位公司高管，说话做事雷厉风行。她对待女儿琳琳，就像对待自己的下属。黄女士严格把关女儿一天的生活，吃什么、穿什么、和谁玩，全部都是她说了算。

专制型父母对子女干预和禁止过多，态度简单粗暴，不允许子女对父母的决定和规定有反对意见。这种家庭环境下成长的幼儿，或是变得驯服，缺乏生气、情绪不安、退缩、怀疑，不喜欢与同伴交往；或是变得以自我为中心、胆大妄为，在家长面前和背后言行不一。

（3）放任型亲子关系

情景再现

娜娜是家里的“小皇帝”，说一不二，一家人都围着她转，家里有好吃的好玩的都归她一个人。一次娜娜在商场看到一套芭比娃娃，想让妈妈给买。因为家里已经有很多类似的娃娃了，妈妈就没有买。于是，娜娜在商场里就地打滚，大哭大闹不肯走。妈妈没办法，只得哄着她：“宝宝不哭，你要什么我就去给你买什么。”

放任型父母对子女关怀过度、百依百顺、宠爱娇惯。如此，幼儿往往形成好吃懒做、生活不能自理、蛮横、自私、没有礼貌、自命不凡、害怕困难、意志薄弱等不良品质。

（4）忽视型亲子关系

情景再现

晶晶的父母离婚了，她和父亲一起生活。父亲经常在外应酬，对她放任自流，要钱给钱，其余的都不管。有一次，晶晶拿着积木想让爸爸和她一起玩会儿，爸爸却说：“玩什么玩，没看我正忙着呢吗。”

忽视型父母对子女不关心、不信任，忽视他们的要求，情感上和子女疏离，对子女也没有什么期望。这种家庭环境下成长的幼儿容易形成自卑的心理，情绪低落、无助绝望，经常会喜怒无常，甚至出现违法乱纪行为。

研究表明，民主型亲子关系对幼儿身心健康发展最为有利。

二、幼儿师童关系的发展和培养

幼儿进入幼儿园后，教师成为他们心目中的新权威。幼儿对教师的态度总是非常顺从，这一点不仅表现在幼儿园中，而且表现在幼儿的家里，幼儿常常会用“老师说的”这句话向家长证明自己意见的正确性和合理性。因此，教师的言行、对幼儿的态度、工作能力和教学内容对幼儿心理发展会产生重大影响。为此，教师必须具备崇高的思想品德和健全的心理品质，敏锐的观察力，敏捷的思维，稳定的、积极的情绪状态，对幼儿充满深切的关爱。

幼儿来自不同的家庭，具有不同的生活习惯和行为模式，往往容易与幼儿园的教育要求和集体生活发生冲突。幼儿初入园时仍然用家庭中对待父母的行为模式来对待教师。例如，一个幼儿在家庭中时常用哭闹、独占等手段达到某个目的、满足某种需要，进入幼儿园后仍然采用他惯用的手段。这种做法显然不符合教育要求，不能被教师接受。于是，他会在教师的正确教育下逐步调节自己的态度和行为模式，最终形成新的生活习惯和行为模式，适应集体生活。幼儿很快发现和尊重新权威，这一进步能使其更好地在集体中与教师进行社会交往，和教师建立良好的社会关系。

为了促使幼儿社会性的发展，教师应尽可能多地与每一个幼儿交往，了解他们的性格特征、行为特点和家庭状况，帮助他们克服交往上的障碍，培养他们集体活动的兴趣和遵守规则的习惯。在和幼儿的交往中，教师要对所有的幼儿一视同仁、耐心教育，要善于在各种场合抓住每一个幼儿的心，给幼儿带来积极的影响。对于一些在社会交往中表现专横任性的幼儿，教师要耐心引导。对于一些性情怯懦、退缩的幼儿，教师应该予以特别的关怀，努力改善他们的交往能力，锻炼他们的胆量，有目的、有计划地引导他们参与集体活动。

三、幼儿同伴关系的发展和培养

同伴关系是指年龄相同或相近的幼儿之间共同活动并相互协作的关系。同伴交往不仅为幼儿提供了大量了解他人的机会，还能帮助幼儿逐步学会如何与人共同合作、解决冲突，从而使幼儿的社会认知能力和交往能力不断提高。

同伴相互作用的基本趋势是从简单、零散到复杂。在不同的年龄阶段，幼儿同伴关系表现出不同的发展特征。在婴儿期，同伴关系只是松散地存在着，他们的社会交往非常有限。3 岁左右的幼儿以独自游戏或平行游戏为主，彼此间没有联系，各玩各的。随着年龄增长，幼儿与同伴的接触次数增加，他们开始主动寻找同伴，交往比以前密切、持久。幼儿能够与同伴商议游戏规则参加集体游戏，不局限于两人游戏。5 岁以后，幼儿参与合作性游戏的能力开始发展，同伴交往的主动性和协调性逐渐发展。

积极良好的同伴关系是幼儿心理健康发展的重要精神环境，有利于幼儿形成自尊、自信、活泼开朗的性格。而同伴交往困难将影响幼儿以后的社会适应性，幼儿会因为幼儿期没有学会必要的交往技巧而产生一系列心理困扰，如自卑、孤独、攻击他人，在强烈的交往冲动和畏惧之间犹豫不决。因此，教师必须对幼儿同伴关系的发展和培养给予足够的重视。

1. 要为幼儿创造良好的交往环境，创设与他人合作、分享的机会

（1）教师的心理健康水平必须提高，教师之间和谐、友好的人际关系对幼儿同伴交往的发展会产生潜移默化的影响，会给幼儿带来榜样的作用。

（2）教师要为幼儿营造关爱、尊重和信任的心理气氛和教育环境，如创设幼儿需要帮助和能帮助别人的情景，培养幼儿乐于助人的精神，使幼儿感受到群体生活的优势。这样的群体容易使幼儿获得健康、积极的情绪体验，幼儿能够表现出较强的交往动机与持续交往的兴趣。

（3）教师要为幼儿创设与他人合作的机会。教师要注意为幼儿提供一定数量的有利于开展社会性交往的玩具。幼儿的同伴交往大都是围绕玩具发生的，通过玩具，幼儿可以表达对同伴的邀请，在使用玩具的过程中逐渐学会等待和与他人分享、合作。有研究表明，在游戏尤其是角色游戏中幼儿易产生合作行为。

虽然教师应该为幼儿准备充足的材料，以便更好地锻炼幼儿小肌肉的发展，但有时不妨限制材料的数量，让幼儿在手工作品的制作中学会轮流使用和等待，如图 11–1 所示。

图 11–1　幼儿在等待使用棉签

2. 重视移情训练对幼儿同伴交往的促进作用

移情是指设身处地地站在别人的位置上，从别人的角度去体验情感。移情训练就是通过故事、情景表演及日常交谈等形式，使幼儿理解、分享别人的情绪情感体验，使幼儿日后生活中对他人类似的情绪、情感会产生习惯性的理解和分享。

让幼儿学会与人和谐相处，重点是要让幼儿学会观察、体验、理解别人的情绪情感，促进幼儿摆脱以自我为中心，建立良好的同伴关系。

3. 开设课程和全面渗透相结合

开设课程就是要将幼儿同伴交往方式和能力的教育纳入幼儿园健康教育课程的设计和实施中，使它成为一门相对独立的活动课程。同时，在幼儿园的一日生活中，教师也应合理安排和组织幼儿的生活秩序，通过日常生活的指导和训练，帮助幼儿建立良好的同伴关系，掌握一定的人际交往技能。

四、幼儿人际关系发展的意义

1. 良好的人际关系促进幼儿安全感的形成

《幼儿园教育指导纲要》（试行）中明确提出“建立良好的师生关系、同伴关系，让幼儿体验到幼儿园生活的愉快，形成安全感、信赖感”。由此可见，良好的人际关系是幼儿形成安全感的重要因素。

2. 人际关系影响幼儿智力的发展

幼儿在与父母、教师、同伴的交往过程中，逐渐知觉到外部世界，在注意力、想象力、思维力、记忆力等方面都有所成长。

3. 人际关系影响幼儿健全人格的形成

良好的人际关系使幼儿感受到被爱，学习去给予爱，这在幼儿人格的形成发展上至关重要。

4. 良好的人际关系促进幼儿身心健康

在幼儿的成长过程中，教师、家长、同伴都是不可缺少的重要他人。与这些重要他人之间形成良好的关系，有利于幼儿身心的健康发展。

第三节　幼儿性别行为的发展和培养

一、幼儿心理发展的性别差异

研究表明：男孩在言语叙述和操作方面占优势，女孩在言语流畅性、读写方面占优势；男孩偏于逻辑思维，女孩偏于形象思维；男孩在社会活动中对物体和事情更感兴趣，而女孩似乎对人更感兴趣。

二、幼儿性别概念的发展

2 岁左右的幼儿已能分辨出照片上人的性别，但还不能确定自己的性别。大多数 2.5 ~ 3 岁幼儿能正确说出自己是男孩或是女孩。幼儿虽然知道自己是男孩还是女孩，但并不清楚自己的性别是不会随年龄的增长而变化的。一般幼儿在 3 ~ 4 岁才能认识到：一个人的性别在一生中是稳定不变的。

情景再现

华华和静静是一对龙凤胎，他们今年 3 岁了。最近几天静静总是问妈妈：“为什么哥哥总是站着尿尿，而我不可以？我和哥哥是从哪里来的？为什么婶婶可以生小宝宝？我也想要。”静静妈妈不知道怎么跟静静解释，她对此感到很苦恼。

随着年龄的增长，幼儿先是理解自我的性别坚定性，继而理解同性别他人的性别坚定性，最后理解异性别他人的性别坚定性。幼儿往往依据发型(特别是头发的长度)、服饰的特点来确认被观察者的性别。到6、7岁，幼儿才能认识到即使女孩穿男孩的衣服也依然是女孩，而男孩留长发也依然是男孩。

三、幼儿性别行为的发展

男孩在肌肉动作技能和力量方面占优势，女孩在精细动作上占优势。男孩偏爱小汽车，喜欢警察抓小偷、打仗之类的游戏，女孩则喜欢玩娃娃和毛绒玩具。进入幼儿园后，幼儿一般喜欢参与与性别相符合的活动或中性活动，他们经常分为男、女不同的游戏小组。

例如，“叠罗汉”游戏有助于发展男孩的力量和勇气，幼儿园教师应多开展这样的活动来塑造男孩的性格，如图11–2所示。

在性别化过程中，男孩比女孩面临更大的社会压力。父母往往更注意培养男孩不要有“娘娘腔”，而不太在意女孩的“假小子气”。因而，男孩的行为稍微偏离性别角色标准就会受到严厉的批评，他们很快就知道了社会对男孩期望。女孩比男孩对异性玩具、游戏和活动的兴趣保持得更久些。

图11–2　男孩在玩“叠罗汉”游戏

知识卡

5～9岁幼儿在给“圣诞老人”的信中表达的玩具偏爱，尽管他们的要求大多反映了各自的性别偏爱，但女孩比男孩要异性玩具的更多些。

四、幼儿性别行为的影响因素及其培养

幼儿出现不同的性别行为受生物因素和社会文化因素的影响。

1. 生物因素

生物因素主要是指性激素（荷尔蒙）的影响。雌性激素过多的男孩，容易出现女孩的特征，如安静、喜欢玩娃娃等；而雄性激素过多的女孩，具有典型的“假小子”特征，她们精力旺盛，喜欢参加激烈的活动。

2. 社会文化因素

社会文化因素主要是指家庭教育，父母的行为对幼儿性别角色和行为起着引导和强化的作用。

父母是幼儿性别行为的引导者。婴儿出生后，父母给小男孩准备的多是蓝色的衣服、小汽车等玩具，而给小女孩准备的多是粉色的衣服、芭比娃娃等玩具。随着幼儿年龄的增长，父母对男孩女孩的要求也会不同，往往要求男孩勇敢坚毅，要求女孩温柔文静。父母也是幼儿性别行为的模仿对象，小女孩多会模仿妈妈的行为，喜欢妈妈的高跟鞋，像妈妈一样涂口红，小男孩则经常观察爸爸在做什么。

面对幼儿性别的差异，社会应为男女幼儿提供均等的活动机会，改进幼儿读物的内容，尝试两性化教育等。

第四节　幼儿社会性行为的发展

社会性行为是指人们在社会交往活动中表现出来的社会道德行为。幼儿的社会性行为主要有亲社会行为和攻击性行为两种。

一、幼儿的亲社会行为

幼儿的亲社会行为是指幼儿在社会交往中表现出来的积极良好的社会道德行为，它包括帮助、合作、分享、谦让、同情、关心等行为表现，是高度社会化的行为。

亲社会行为是利他性的、有社会责任感的行为，与反社会行为是相对的。幼儿期亲社会行为的发展是其成年后建立良好的人际关系及心理健康的重要基础。如果只重视幼儿知

识的学习与掌握，忽视幼儿亲社会行为的教育，则会导致幼儿出现自私、任性、缺少同情心等问题。

个体成长的过程中，亲社会行为具有极大的可塑性。因此，教师应该充分把握教育场所和时机，对幼儿进行亲社会行为思想的教育和熏陶。

1. 移情训练法

为了培养幼儿理解和认识他人的情绪情感，引起幼儿情感上的共鸣，促使幼儿自发做出亲社会行为，教师可以开展移情训练法。

情景再现

在“认识表情”活动中，教师分别出示高兴、伤心的脸部表情，引导幼儿进行描述和讨论，猜测为什么会出现这些表情，并借此机会询问幼儿“当身边的人出现伤心的表情时怎么办”，最后通过模仿游戏让幼儿学习同情与安慰他人的语言和动作。

以上情景再现中，教师为幼儿创设了行为练习的机会，通过情景表演、讲故事、讨论等形式对幼儿进行移情训练。

情景再现

在“大家一起玩玩具”活动中，当幼儿观看完情景表演后，教师组织幼儿展开讨论：“明明这样做，玲玲会怎么想？”“玲玲哭了，明明会不会感到快乐？”“有了好玩的玩具应该怎么办？为什么？”

以上情景再现中，教师让幼儿把玲玲、明明的情绪与自己以往在类似情况下的感受联系起来，引导他们学会站在他人角度理解他人的情绪。

2. 游戏教育法

游戏是培养幼儿亲社会行为的有效手段。幼儿在游戏中需要相互适应，服从共同的行为规则，从而逐渐摆脱自我中心意识，学会与人交往的正确方法。因此，教师要学会利用游戏这一有效手段引导和巩固幼儿的亲社会行为。幼儿的思维具体形象，需要在自身的实践中获得感知和认识事物的经验。

情景再现

“摘果子”游戏中，高高悬挂的果子只有高个子小朋友踩上小椅子才可能摘到。每队只有一把椅子，也只有一位个子高的小朋友。游戏开始了，小朋友们依次踩上小椅子摘果子，他们中个子高的小朋友摘到果子跑回了终点，留下个子矮的小朋友为摘不到果子而着急，结果两队都没有把果子全部摘回来。在失败中他们发现全队人不能各行其是，只有大家分工合作，才能在最短的时间里摘到全部果子。于是，个子高的小朋友说：“我个子高，我负责摘果子，你个子矮，你负责送果子。”游戏使小朋友知道了在集体中每个人都有自己的长处和短处，只有互相帮助才能做好事情。

幼儿之间的合作带来了积极愉快的结果，但幼儿自己常常不能明显感觉到。因此，教师看到幼儿能与同伴玩耍，或协商、或询问、或建议、或共享、或给予帮助时，应注意引导幼儿感受合作的成果，体验合作的愉快。

角色游戏使幼儿有机会学习扮演社会角色，学习成人各类社会角色应有的行为方式。有些幼儿在日常生活中表现为固执自傲，而在游戏中，为了使自己不被游戏伙伴排斥，便会主动抑制自己的个性缺点，慢慢地学会随和和合作。

情景再现

在“娃娃家”游戏中，幼儿扮演爸爸妈妈，悉心“照顾宝宝”，热情“招待客人”；在“医院”游戏中，幼儿穿上白大褂，为“病人把脉、看病”；在“服装店”游戏中，幼儿“进货”“看店”；在“公共汽车”游戏中，幼儿“开车卖票”（见图 11–3），主动“让座”；在“点心店”游戏中，幼儿制作“点心”，招待“客人”（见图 11–4）……

图 11–3　“小司机”和“售票员”玩得不亦乐乎

图 11-4　幼儿在玩“点心店”游戏

在游戏中，教师应有意识地让内向、沉默寡言的幼儿担任一些交往较多的角色（如售票员），而让好动、缺乏自制力的幼儿在游戏中担任一些需要安静和认真工作的角色（如糕点师）。教师应让幼儿通过游戏逐渐养成良好的个性，学习并遵守社会生活准则，使自己的思想和行为符合社会规范，产生利人、利社会的亲社会行为。

3. 日常生活教育法

在日常生活中，教师必须让每个幼儿都学会帮助他人，都有互相帮助的思想意识。教师应为幼儿创造与同伴合作的机会，如共搬玩具、共抬桌子、互系扣子、互叠被子等，还可组织大带小的交往活动。

情景再现

俊杰小朋友由于腿脚不便，上下楼梯需要有人搀扶。好几次，佳佳都主动牵着俊杰的手上下楼梯。对此，教师在大家面前表扬了佳佳，肯定了她能看到别人的困难、觉察同伴的需要，并做出助人的行为。于是，第二天、第三天，有更多的小朋友去搀扶俊杰。

以上情景再现中，佳佳助人为乐的行为经过教师的正强化——表扬，引发出了众多的关爱行为，幼儿都学会了帮助他人。

情景再现

午饭过后，一部分小朋友像往常一样坐在电视机前，观看自己喜欢的动画片，而值日生们开始井井有条地工作起来，擦桌子、扫地、摆桌椅。小华拿起抹布认真地擦完桌子，走到电视机旁，想从电视机前走过，又犹豫了片刻，然后猫着腰迅速地经过电视机到了另一边，继续认真地做着值日生的工作。捕捉到这一闪光的举动，教师不失时机地问小华："你刚才经过电视机时是怎样走的？"小华猫着腰重新走了一遍。"为什么要这样走？""小朋友们在看电视，如果我直直地走过去，他们会看不到电视的。"教师率先拍手以示赞赏，教师的肯定带动了全班小朋友，小朋友们也热烈地鼓掌。

以上情景再现中，小华的利他行为，加上教师的及时肯定，相信这个班的幼儿今后都会这样去做。

另外，幼儿的亲社会行为表现范围可以扩大，可采用多种方式方法介入、干预、鼓励和强化，促进幼儿亲社会行为的发展。例如，在农历九月初九日重阳节这一天，教师可以带幼儿到社区敬老院，为爷爷奶奶表演节目送上欢乐。

4. 教学教育法

教师运用各种教学教育方法，如创编故事情景、投放活动材料、设计矛盾冲突"现场"、展现真实事迹等，促使幼儿亲社会行为的萌发。

小班幼儿的"自我中心"意识普遍较强，对玩具、食品有着较明显的独占意向。教师可根据小班幼儿容易接受具体形象事物的年龄特点，设计"玩具大家玩""亲子食品品尝会"（见图 11–5）等活动。在活动中通过玩玩、尝尝等手段，让幼儿在尝试交换玩具、分享食物的具体"操作"中，学习分享，体验分享的愉悦。

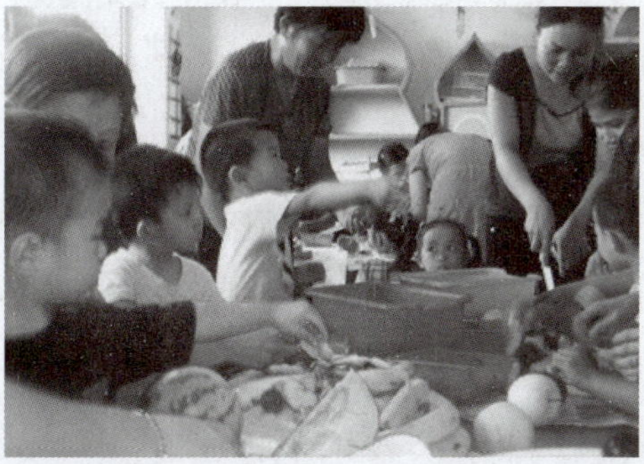

图 11–5　亲子食品品尝会

在中班，教师可以提供贴近幼儿经验并富有一定挑战性的“拼装”材料，让幼儿自发结伴合作，并在共同努力下获得成功，切身体验到合作成功的喜悦。

大班幼儿对文字的兴趣逐渐浓厚，教师可为幼儿创设阅读环境，提供“偏旁找朋友”“名字对对碰”等便于幼儿操作的材料，幼儿在与材料的互动中初步认识了汉字，同时在与同伴的交往互动中表现出了互相合作、经验共享的良好行为。

情景再现

一次，班上有个幼儿摔倒了，一些幼儿看到此情景哈哈大笑，这时有个男孩跑上前扶起摔倒的幼儿，一边帮他拍去身上的尘土，一边关心地询问摔疼了没有。这时，教师抓住机会，召集所有的幼儿对这件事进行评论：“谁对谁错？你喜欢谁？如果你摔跤了你的心情如何？当别人需要帮助时，你应该怎么做？”从而引导幼儿明辨是非，学习好的榜样。

教师可利用真实的情景抓住时机组织教学，设置一连串的问题让幼儿展开讨论，促进幼儿亲社会行为的发展。

5. 榜样教育法

使用榜样教育法，不但可以强化幼儿的亲社会行为，而且能使幼儿从他人的积极情绪反应中获得满足。教师对幼儿有着潜移默化的影响，是幼儿效仿学习的榜样。

教师要对幼儿有关爱之心。面对当前独生子女“以自我为中心”、缺乏爱心的不良倾向，亲社会行为的教育显得尤其重要。教师应该做出表率，让幼儿在耳濡目染中懂得怎样去关爱他人。

教师要带给幼儿良好的心境，好的心境能够增加助人行为。教师应该注意自己的心境和情感的表现，把最佳心理状态展现给幼儿，使幼儿始终处于具有正义感和公平感的积极心境的感染之中，促进其亲社会行为的发展。

6. 家园一致教育法

幼儿的亲社会行为如果能在家庭生活中得到巩固和强化，并恰当地应用到日常生活中，则能更好地促进幼儿亲社会行为的发展。教师可通过“家园教育之窗”有目的、有计划地向家长介绍有关幼儿亲社会行为的信息；设立沟通渠道，建议家长积极与教师联络，共同交流教育体会，增强家园同步教育的有效性。

二、幼儿的攻击性行为

情景再现

佳佳和莎莎正在画画，佳佳缺一支红色的蜡笔，看见莎莎笔盒里有一支，伸手就去拿，嘴里还说："这是我的。"莎莎不肯给他，佳佳气得把莎莎画画的东西全扔在地上，还用脚踢莎莎。

攻击性行为是以伤害他人或事物获取某种物体为目的，并形成外部伤害的社会性行为。情景再现中佳佳所表现出来的行为就是幼儿攻击性行为。攻击性行为是幼儿期的幼儿经常出现的问题行为，年龄较小的幼儿其攻击性要高于年龄大一些的幼儿。

情景再现

两位小朋友在玩桌面游戏，一位小朋友为了得到自己喜欢的玩具而强行从另一位小朋友手中抢夺，后者出于保证自己喜欢的玩具不被抢走而推开前者。

开学才两天，一位小女孩就把两位小朋友的胳膊咬出了牙痕，教师了解后才知道她是为了"保护自己的权益不受损害"才做出了这样的行为。

以上情景再现中的攻击性行为在幼儿园里屡见不鲜。攻击性行为分两种，一种是工具性攻击行为，一种是敌意性攻击行为。工具性攻击行为的出现并不是他们对同伴存有敌意，要使对方受到伤害，而是单纯为了一定的目的——要得到自己喜欢的玩具、图书等。攻击性行为是幼儿不愉快情绪的自然发泄。例如，情景再现中的两个小朋友争抢玩具，他们都是为了得到喜欢的玩具，而不是为了伤害对方。敌意性攻击行为是有意伤害别人的行为，没有任何其他目的，只是为了自己的精神愉悦。

情景再现

铭铭用雪花片插了一把"宝剑"，拿着宝剑走向欣欣，说："我是奥特曼，打死你这个小怪兽！"说完用"宝剑"砍向欣欣，"宝剑"断了，于是铭铭用手当宝剑，在欣欣身上乱打，欣欣哭着喊老师："他打我。"

由于幼儿模仿性强、是非辨别能力差，因此很容易模仿影视剧里人物或周围人的攻击性行为。如果幼儿经常看暴力武打片、玩暴力电子游戏，其攻击性心理会得到加强。

情景再现

可可把他画的画拿给老师看的时候，甜甜冲到前面抱着老师的大腿说："老师先看我的！"于是老师看了甜甜的画一眼说："画得可真不错。"这时候先来的可可很生气地打了甜甜一拳，说："我再也不跟你玩了。"

以上情景再现可以看出，挫折是幼儿攻击性行为产生的直接原因。

情景再现

聪聪爸爸经常采用恐吓、打骂的方式管教聪聪。当聪聪犯了错误时，爸爸往往先大声呵斥，接着就是一顿痛打，从来不和颜悦色地与聪聪讲道理。而聪聪的妈妈则包庇袒护，聪聪犯了错误不批评也不纠正。

如果家长惯于用暴力惩罚的方式教育幼儿，那么幼儿也会以同样的方式对待其他人，逐渐形成攻击性行为。有的家长对自己的孩子说："如果有人欺负你，你要狠狠地揍他。"在大人的纵容下，幼儿容易发生攻击性行为。

针对幼儿的这种特点，教师应了解幼儿攻击性行为产生的原因，针对具体情况采取相应的教育措施，纠正幼儿的攻击性行为。

1. 为幼儿创设积极的环境

教师应为幼儿提供足够的活动空间、书和玩具，供幼儿自由选择，当然要尽可能避免危险的玩具。幼儿在有多种多样玩具、充裕的玩耍空间及良好的环境中，会产生满足感，攻击性行为会大大减少。

2. 教会幼儿宣泄情感的方法

教师要教会幼儿宣泄情感的方法，特别是对于自控能力较弱的幼儿。当幼儿遇到烦恼、挫折时，教师可以引导幼儿倾诉内心的不愉快，也可以引导幼儿在适当的场合与时间哭一场，将内心的不愉快情绪发泄出来，尽可能将攻击性行为减到最少。

3. 日常组织幼儿进行移情训练

教师可以有针对性地让幼儿玩游戏，可以选一位平时较多去攻击别人的幼儿扮演受人攻击的角色，让幼儿通过角色的扮演了解被别人攻击时的心理感受，知道攻击性行为给别的小朋友带来的伤害，使这位经常攻击别人的小朋友在以后和同伴交往的过程中能自觉地抑制自己的攻击性行为，进而改掉自己的攻击性行为。

4. 对幼儿进行交往技能的训练

当出现两个小朋友争抢积木的情况时，教师引导幼儿说出解决问题的方法，如有的幼儿说“将小朋友推开”，有的幼儿说：“找老师帮忙”，有的幼儿说“你别抢，我们一起玩吧”，教师和幼儿一起讨论，选出最合适的方法，让幼儿学会处理此类事情。

5. 善于采用精神奖励法

教师通过在集体中对幼儿进行口头表扬、言语肯定、鼓励或评选好幼儿等，为幼儿创造积极、轻松的氛围，让幼儿在积极向上的环境中健康成长。教师应抓住机会及时表扬幼儿，通过榜样作用让幼儿知道关心、帮助他人会给自己和他人都带来愉悦感，进而有效地防止攻击性行为的产生。

6. 不放任幼儿的兴趣

教师在让幼儿观看故事片和动画片时，应对内容有所选择，并有意识地与幼儿一起观看，对正确的、好的行为加以肯定、赞扬，以此提高幼儿分辨是非的能力。

总之，攻击性行为时时出现在幼儿身上，对于幼儿的攻击性行为，教师要正确对待，不要戴有色眼镜去看待有攻击性的幼儿，因为这种行为是幼儿时期必然会出现的，教师应运用自己的经验和知识去帮助他们。

思考 · 练习

一、简答题

1. 社会性发展内容有哪些？
2. 什么是亲社会行为？
3. 父母不同的教养方式和态度会对幼儿产生哪些不同的影响？
4. 幼儿教师应如何对待“攻击性行为”幼儿？

二、案例分析

涵涵是一名小班的幼儿，每天早上妈妈把她送到幼儿园时她总是使劲拉着妈妈的手不说话，不愿让妈妈离开。在班里她也不说话，不与同伴交往，不爱玩玩具，不运动，她拒绝参加班里开展的任何活动，一个人默默地坐在小椅子上不让小朋友接近她。教师问她话时，她有时会露出很害怕的眼神，有时会把头扭到一边装作没听见。小朋友想接近她，她要么不理会，要么就推开别人。经过一段时间的观察，教师发现涵涵虽然不与别人交往，但她会关注别人的行为，当有的小朋友做出滑稽的动作时她也会放声大笑，但当她发现别人看她时她会立即收起笑容。

针对这样的幼儿，教师该如何去做?